비키 군

코니컬 비커 군

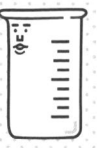

톨 비커 군

손잡이 비커 군

스테인리스
비커 군과
뚜껑 군

켈달
플라스크 군

가지달린
플라스크 군

메스플라스크 양

윗접시저울 군과
두 장의 접시 군

분동 삼형제

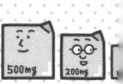

판상 분동 삼형제

시험관 형제

Y자 시험관 형

시험관집게 군

시험관꽂이 군

메스실린더 군 · 미터글라스 군

마이크로
스패튤러 콤비

여과지 군

깔때기 양

깔대기대 군

부흐너 깔때기
할아버지

감압
플라스크 군

아스피레이터 군과
고무관 군

분별깔때기 여사와
뚜껑 군

연소 전
스틸울 군

연소 후
스틸울 할아버지

디지털온도계 군

세척병 군

피펫 세정 삼총사
(피펫 세정기 군 · 피펫 세정바구니 군 · 피펫 세정조 군)

파란색 리트머스 종이 군과
빨간색 리트머스 종이 군

pH 시험지 군과
케이스 군

디지털
스톱워치 군

아날로그
스톱워치
할아버지

나침반 아저씨

분광광도계 군

석영 셀

법랑 비커 군

석영유리 비커 군

삼각 플라스크 군

가지형 플라스크 군

복숭아형 플라스크 군

넓적바닥 플라스크 군

둥근바닥 플라스크 꼬마와 플라스크 받침 군

3구 플라스크 언니

원심관 군

마이크로튜브 군

샬레 남작

증발접시 아재

시계접시 양

핀셋 군

시약병 군과 뚜껑 군

집기병 군과 뚜껑 군

전자저울 군

전자저울 수준기 속의 기포 군

정밀분석저울 군

용수철저울 옹

약수저 군

약포지 군

유발 군과 유봉 군

용기용 콕 군

유리막대 군

마그네틱바 군들

자기 교반기 군

고마고메 피펫의 고무 벌브 군

피펫 필러 군

랩잭 형

유리 마개 군

실리콘 마개 양

고무 마개 군

코르크 마개 군

리비히 냉각기 군

알린 냉각기 군

그레이엄 냉각기 군

적하 깔때기 형

막대온도계 군

받침형 연소숟가락 양

양초꽂이형 연소숟가락 군

메스피펫 군

고마고메 피펫 군

홀 피펫 군

뷰렛 군

비커 군과 친구들의 유쾌한 화학실험

일러두기

- 이 책은 콘텐츠 특성상 원서와 동일하게, 페이지의 오른쪽을 묶는 우철 제본방식으로 제작되었습니다.
- 본문의 화학 원소와 화합물의 명명법은 IUPAC(국제순수응용화학연합)에서 함께 인정하는 대한화학회의
  명명법 개정에 따랐습니다. 다만, 나트륨(sodium, 소듐)과 칼륨(potassium, 포타슘) 등의 경우,
  이미 널리 사용되고 있어 2015 개정 교육과정에 따라 옛이름을 그대로 사용했습니다.
- 본문 중 괄호의 내용은 지은이 주이며, 각주는 모두 옮긴이 주입니다.

비커 군과 친구들의
유쾌한 화학실험

실험실에서 벌어지는 엉뚱발랄 화학실험 대소동

우에타니 부부 지음 | 오승민 옮김 | 정성헌 감수

더숲

머리말

안녕하세요. 이공계 일러스트레이터 우에타니 부부입니다. 간단하게 저희를 소개하자면 화장품 제조회사 연구원 출신 남편(저)과 학창 시절 운동부 출신 아내로 구성된 2인조(부부) 팀입니다. 저는 주로 그림을 그리고 아내는 색칠을 하는 분업 방식으로 작업을 하고 있습니다.

이공계 일러스트레이터로 활동하고 있지만 사실 아내는 이공계 출신이 아닙니다. 그래서 작업할 때는 항상 아내에게 정보를 자세히 알려주어야 합니다. 당연히 아는 줄 알았는데 전혀 모를 때도 있어서 작업 중에는 서로 이러쿵저러쿵 투덜대며 일하고 있어요.

그건 그렇고 '비커 군'은 제가 연구원 시절 취미로 그리기 시작한 것이 계기가 되어 탄생한 캐릭터입니다. 점차 다른 캐릭터들도 늘어나면서 첫 책인 『비커 군과 실험실 친구들』에서는 130가지가 넘는 캐릭터들이 등장합니다. 이 책에서도 20가지가 넘는 새 캐릭터들이 등장해 이제는 총 150여 가지 실험기구 친구들이 탄생하게 되었어요.

이번 책은 비커 군과 실험실 친구들이 다양한 화학실험을 소개하는 내용으로 구성되어 있습니다. 이 책에서 소개하는 실험은 '스틸울(강철솜) 연소실험'과 같이 대중적인 것부터 '속슬레 추출기에 의한 참기름 추출실험'처럼 전문적인 것에 이르기까지 모두 합쳐 20가지가 넘습니다. 이들을 '제조하다' '측정하다' '관찰하다' '분리하다' 총 네 가지로 분류하여 소개했습니다.

참고로, 어디까지나 제 판단에 따른 기준으로 분류한 것이므로 "이 실험은 이 분류가 아닌 것 같은데?"라고 생각할지도 몰라요. "명반 결정을 만드는 실험은 재결정(정제 방법의 한 종류)이니까 '분리' 아닌가?" 또는 "스틸울 연소는 산화철을 만들어내는 거니까 '제조'에 들어가야지!" …실험 방식에 따라 나누어보기 편하게 분류한 것이므로 특별한 이견이 없었으면 하는 바람입니다.

초·중등학생을 포함한 독자 여러분, 이번 책도 지난번과 마찬가지로 참고서는 아니지만 "이런 실험이 있구나!" "이 실험은 저번에 해본 적 있어!"처럼 재미있게 읽을 수 있으리라 믿어요. 이 책을 계기로 과학과 화학에 흥미를 갖게 된다면 정말 기쁠 것 같습니다.

또 한 권의 즐거운 책이 탄생했습니다. 그럼 이번에도 실험실에 있는 것처럼 또는 실험실을 떠올리며 읽어나가길 바랍니다.

우에타니 부부

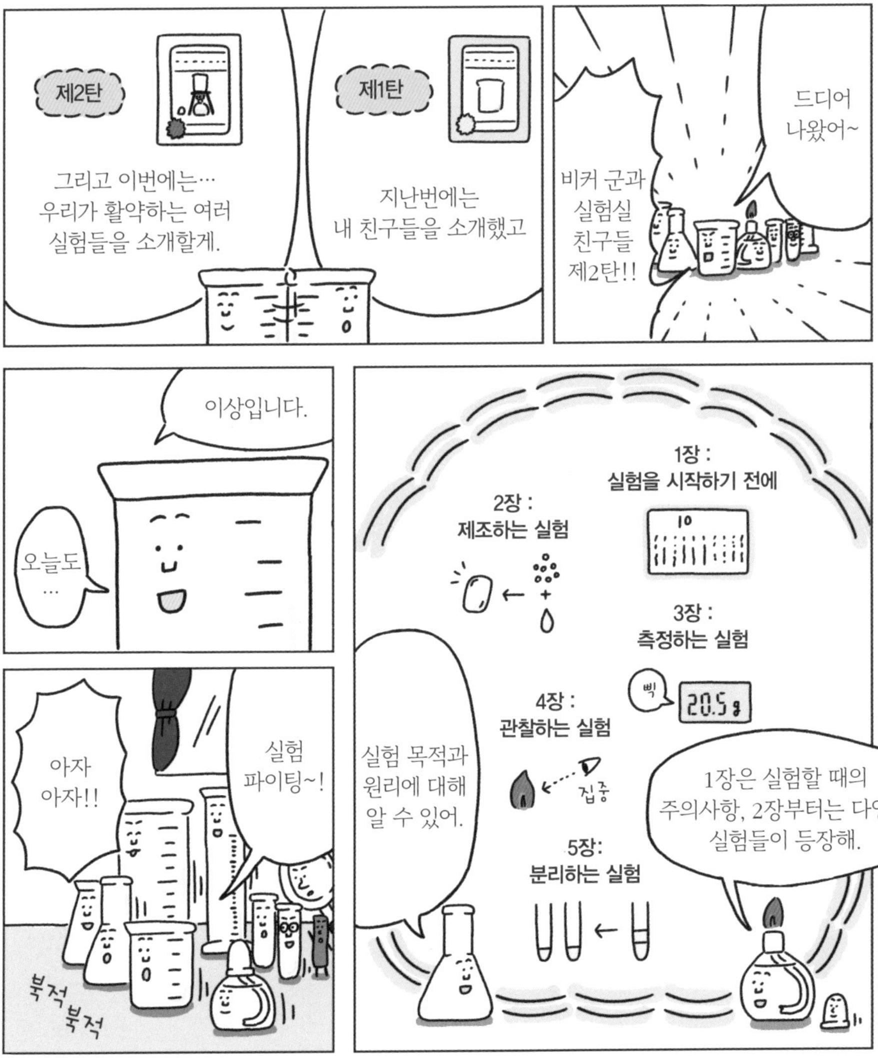

제2탄

그리고 이번에는…
우리가 활약하는 여러
실험들을 소개할게.

제1탄

지난번에는
내 친구들을 소개했고

드디어
나왔어~

비커 군과
실험실
친구들
제2탄!!

이상입니다.

오늘도
…

1장 :
실험을 시작하기 전에

2장 :
제조하는 실험

3장 :
측정하는 실험

4장 :
관찰하는 실험

5장:
분리하는 실험

실험 목적과
원리에 대해
알 수 있어.

1장은 실험할 때의
주의사항, 2장부터는 다양한
실험들이 등장해.

삑 20.5g

집중

아자
아자!!

실험
파이팅~!

북적북적

비커 군의 메모

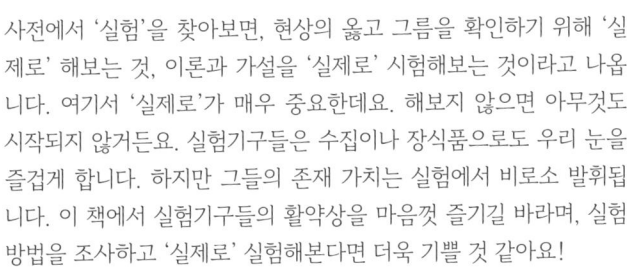

▶ 제2탄이 나왔어!

사전에서 '실험'을 찾아보면, 현상의 옳고 그름을 확인하기 위해 '실제로' 해보는 것, 이론과 가설을 '실제로' 시험해보는 것이라고 나옵니다. 여기서 '실제로'가 매우 중요한데요. 해보지 않으면 아무것도 시작되지 않거든요. 실험기구들은 수집이나 장식품으로도 우리 눈을 즐겁게 합니다. 하지만 그들의 존재 가치는 실험에서 비로소 발휘됩니다. 이 책에서 실험기구들의 활약상을 마음껏 즐기길 바라며, 실험 방법을 조사하고 '실제로' 실험해본다면 더욱 기쁠 것 같아요!

차례

이 책을 읽는 방법

캐릭터의 특징

실험도감

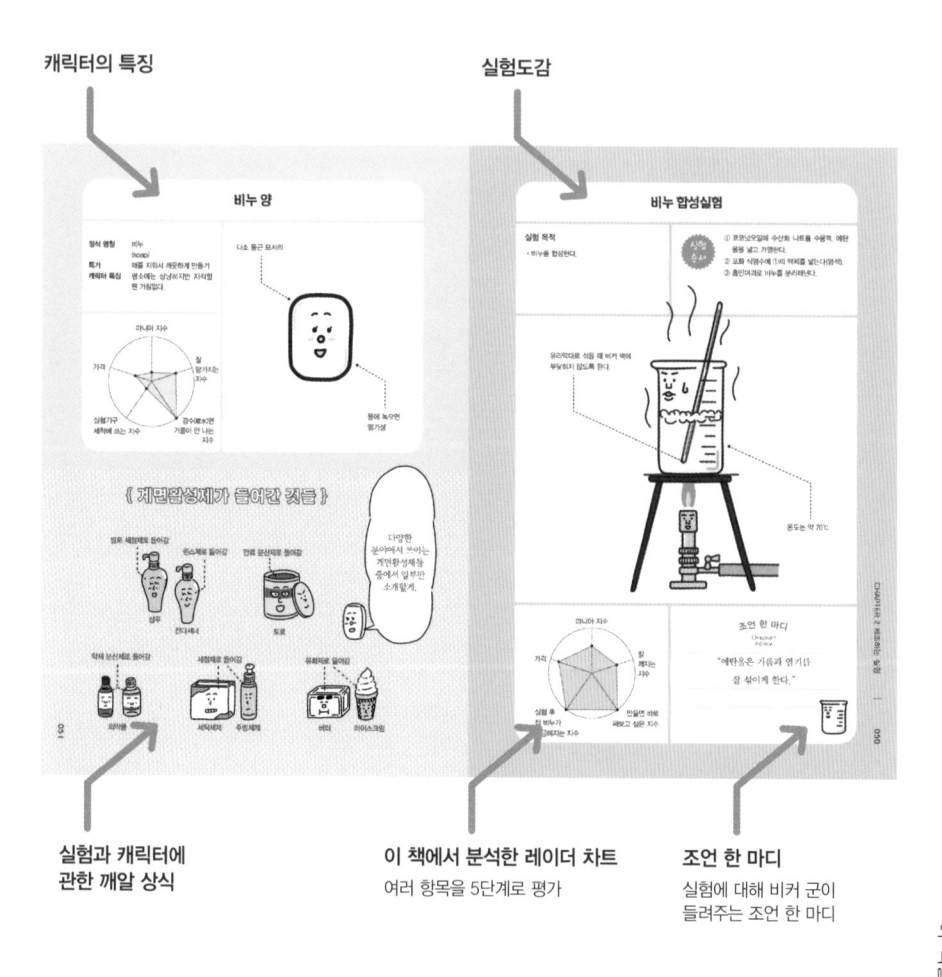

실험과 캐릭터에 관한 깨알 상식

이 책에서 분석한 레이더 차트
여러 항목을 5단계로 평가

조언 한 마디
실험에 대해 비커 군이 들려주는 조언 한 마디

이 책에서는 비커 군을 비롯한 다양한 실험기구 캐릭터가 등장하여 여러 실험에 대해 설명합니다. 또한 만화와 그림으로 그들의 활약상을 소개합니다. 참고로 일러스트 연출 사정상 원래 있어야 할 실험 스탠드 군이 생략된 경우가 간혹 있는데요. 실험 스탠드 군을 사랑하는 팬 여러분께는 대단히 죄송하지만 널리 양해해주기 바랍니다.

CHAPTER

1

실험을 시작하기 전에

실험에 임하는 마음가짐 (10) 가지

(1) 실험의 목적과 방법을 예습해 머릿속에 미리 실험의 흐름을 그려놓는다.

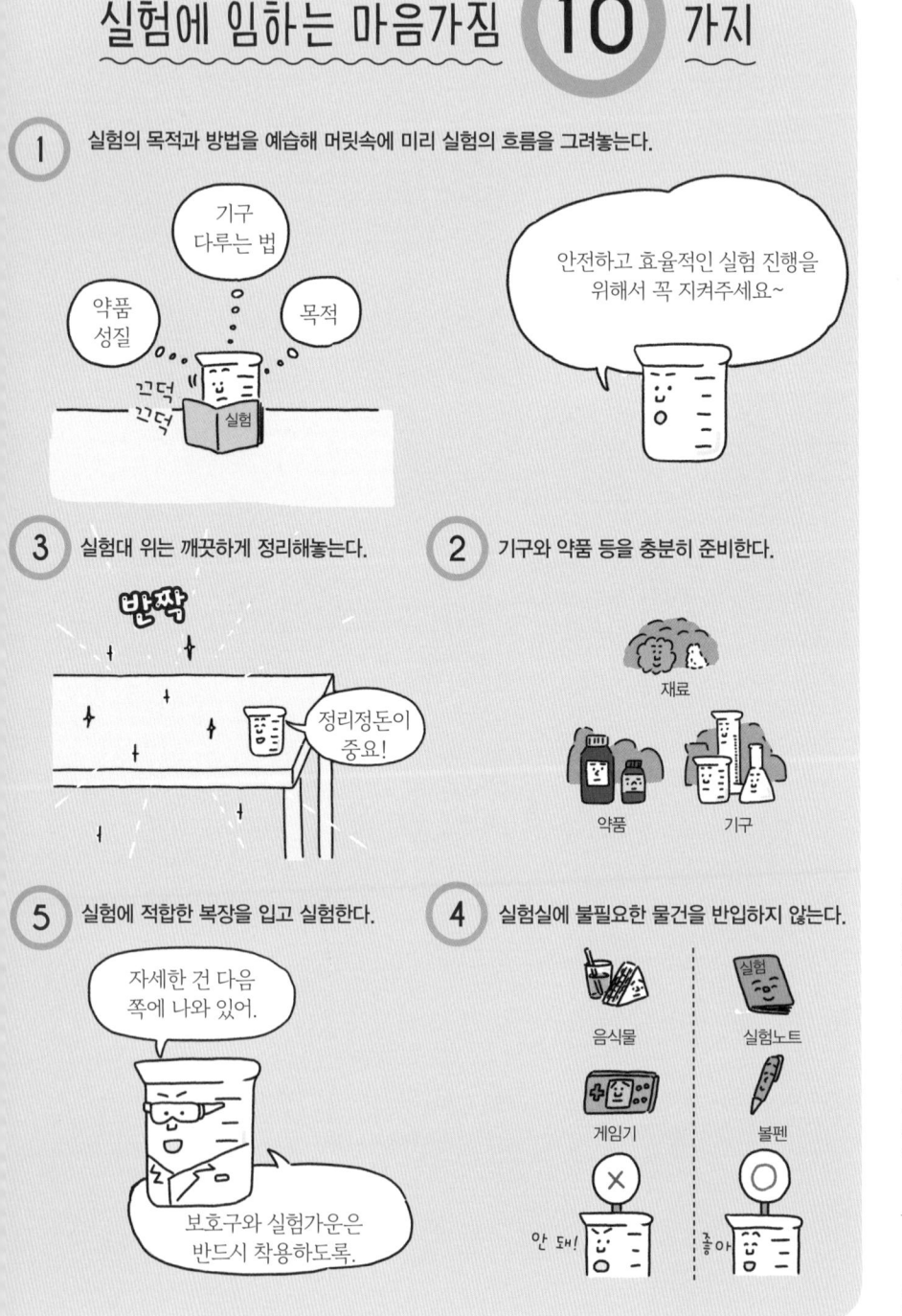

기구
다루는 법

약품
성질

목적

끄덕
끄덕

실험

안전하고 효율적인 실험 진행을
위해서 꼭 지켜주세요~

(3) 실험대 위는 깨끗하게 정리해놓는다.

반짝

정리정돈이
중요!

(2) 기구와 약품 등을 충분히 준비한다.

재료

약품

기구

(5) 실험에 적합한 복장을 입고 실험한다.

자세한 건 다음
쪽에 나와 있어.

보호구와 실험가운은
반드시 착용하도록.

(4) 실험실에 불필요한 물건을 반입하지 않는다.

음식물

실험노트

게임기

볼펜

안 돼!

좋아

6 실험 도중에 자리를 뜨면 안 된다.

✕ Bad

◯ Good

8 응급 시(화재·사고) 대응 방법을 미리 숙지한다.

7 실험 중에 관찰한 것을 상세히 기록

10 결과는 그날 안에 정리한다.

9 뒷정리를 완벽하게 한다.

안전한 실험을 하려면

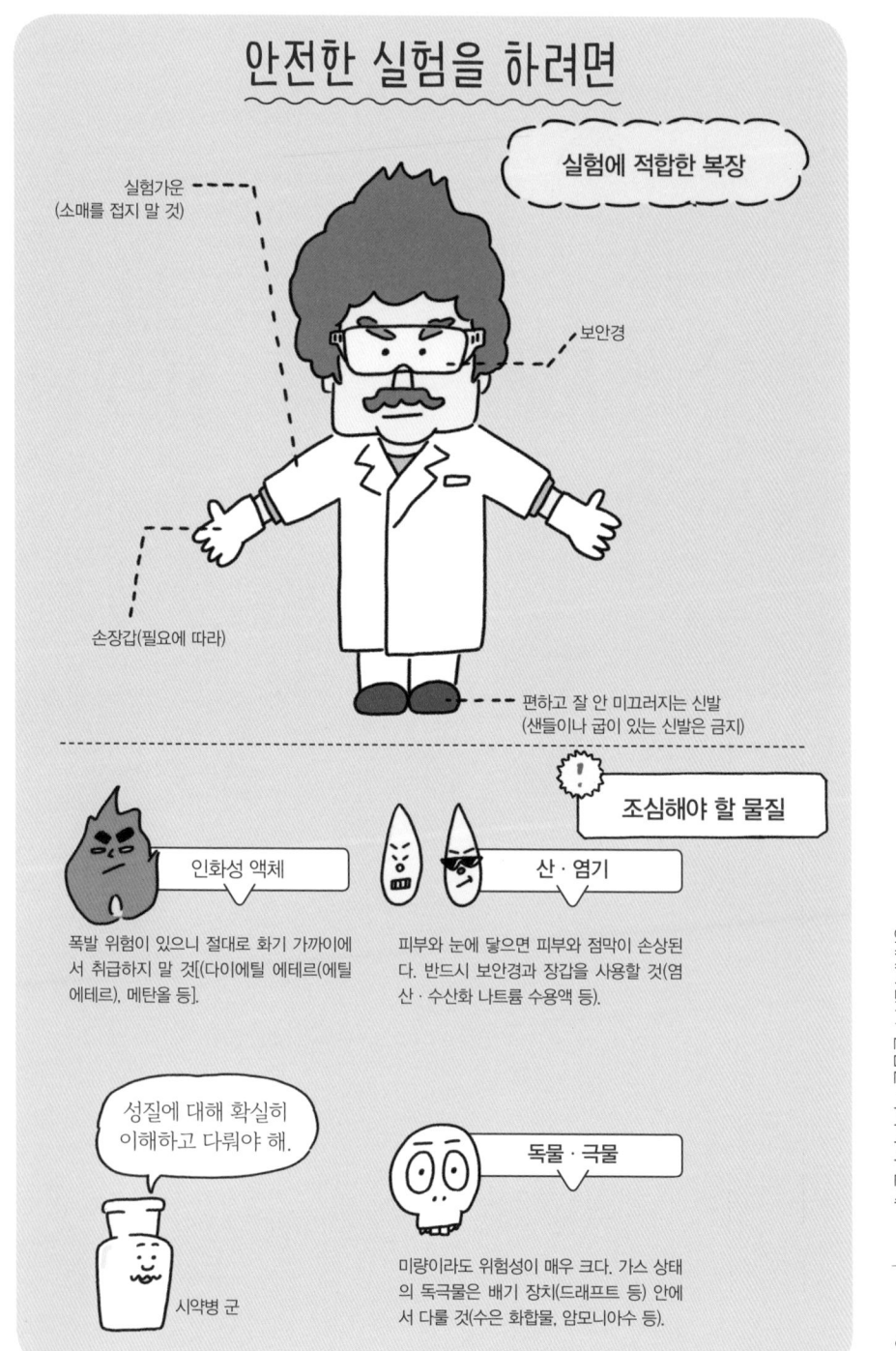

실험에 적합한 복장

실험가운
(소매를 접지 말 것)

보안경

손장갑(필요에 따라)

편하고 잘 안 미끄러지는 신발
(샌들이나 굽이 있는 신발은 금지)

조심해야 할 물질

인화성 액체

폭발 위험이 있으니 절대로 화기 가까이에서 취급하지 말 것[(다이에틸 에테르(에틸에테르), 메탄올 등].

산·염기

피부와 눈에 닿으면 피부와 점막이 손상된다. 반드시 보안경과 장갑을 사용할 것(염산·수산화 나트륨 수용액 등).

성질에 대해 확실히
이해하고 다뤄야 해.

시약병 군

독물·극물

미량이라도 위험성이 매우 크다. 가스 상태의 독극물은 배기 장치(드래프트 등) 안에서 다룰 것(수은 화합물, 암모니아수 등).

사고가 났을 때의 응급처치

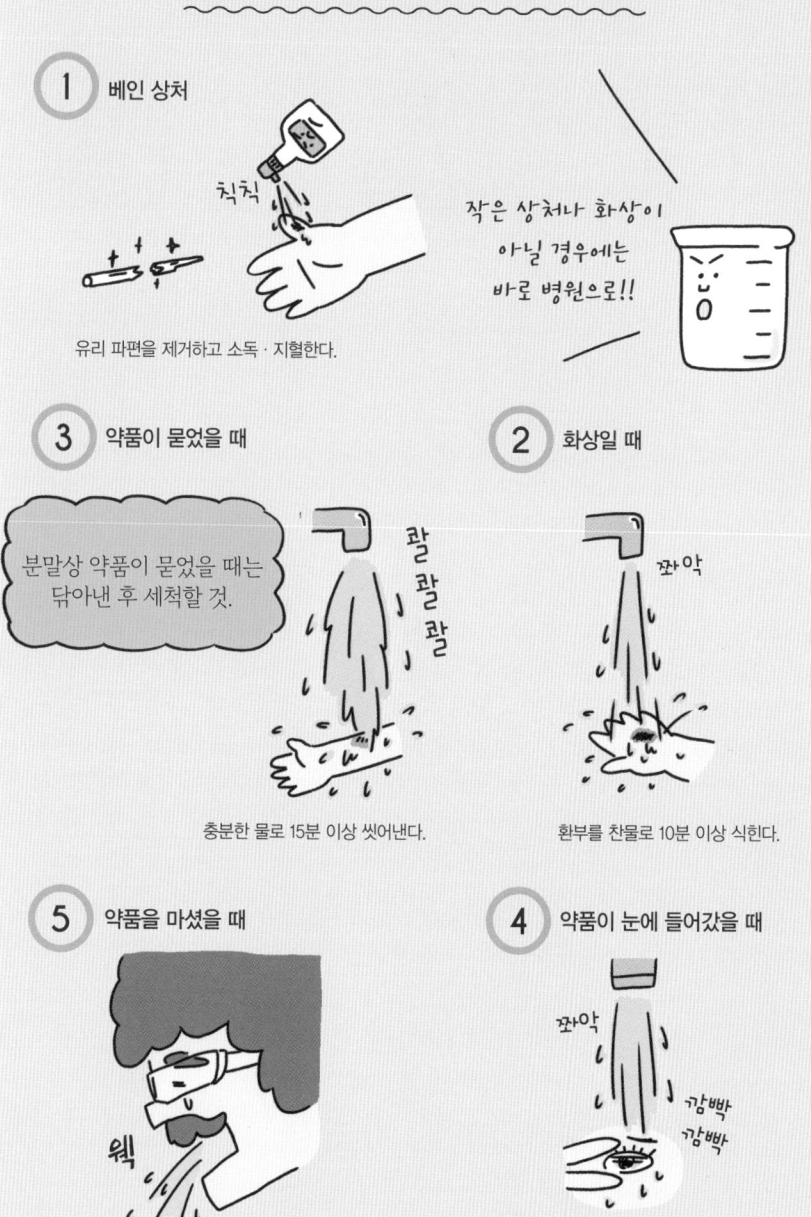

1 베인 상처

칙칙

작은 상처나 화상이
아닐 경우에는
바로 병원으로!!

유리 파편을 제거하고 소독·지혈한다.

3 약품이 묻었을 때

분말상 약품이 묻었을 때는
닦아낸 후 세척할 것.

콸
콸
콸

충분한 물로 15분 이상 씻어낸다.

2 화상일 때

쫘악

환부를 찬물로 10분 이상 식힌다.

5 약품을 마셨을 때

웩

급히 뱉어내고 삼켰을 때는 다량의
물을 마시고 토해낸다.

4 약품이 눈에 들어갔을 때

쫘악

깜빡
깜빡

눈을 뜬 채로 흐르는 물에 세척한다.
이때 눈을 몇 번씩 깜빡거리도록 한다.

톨 비커 군

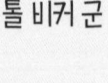

주걱턱이 매력 포인트. 특기는 가열 상태에서 액체 혼합하기.

코니컬 비커 군

'코미컬'과 자주 헷갈린다. 진중한 성격으로 중화적정실험에서 대활약한다.

비커 군

주인공. 특기는 액체 담기. 다양한 실험에서 활약하며 눈금은 어림으로만 사용한다.

메스실린더 (눈금실린더) 군

다소 불안정한 하반신. 비커 군보다 눈금의 정밀도가 높다.

가지달린 플라스크 군

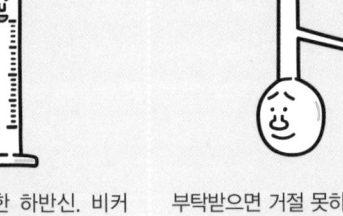

부탁받으면 거절 못하는 성격. 특기는 기체 분리하기.

삼각 플라스크 군

정식 명칭은 에를렌마이어 플라스크. 가열은 절대, never, 금지.

분젠 버너 군

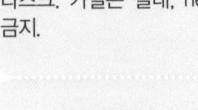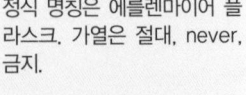

뜨거운 열정의 소유자. 옮기기 어려운 건 옥에 티.

알코올램프 군과 뚜껑 군

특기는 액체 등을 천천히 가열하기. 불은 뚜껑 군이 끈다.

시험관 형제

호기심 왕성한 형제. 왼쪽이 형, 오른쪽이 동생. 특기는 소량의 시약 반응시키기.

전자저울 수준기 속의 기포 군

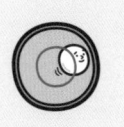

전자저울의 수평 여부를 표시해주지만 늘 산만하게 움직인다.

전자저울 군

수평 유지가 중요하다. 영점 조절을 깜빡 까먹을 때가 많다.

윗접시저울 군과 두 장의 접시 군

좌우의 수평으로 질량을 측정한다. 뭐든지 시시비비를 가리고 싶어 한다.

깔때기 양

차분하고 기품이 있다. 특기는 액체를 한곳으로 모아 흘려보내기.

피펫 필러 군

특기는 액체를 빨아들이고 내뱉기. 홀 피펫 군의 짝꿍.

홀 피펫 군

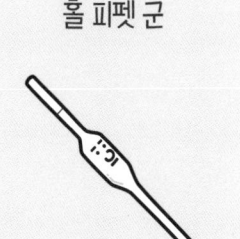

일정 용량을 정확하게 측정해내는 전문가. 가열·건조는 금지.

리비히 냉각기 군

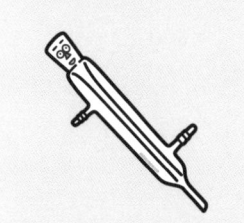

솔직한 성격. 특기는 증기를 액체로 냉각하기. 냉각수는 아래에서 위 방향으로 흘려보내야 한다.

프레파라트 군

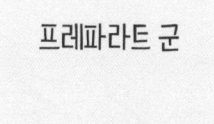

야무진 슬라이드글라스 군과 느긋한 커버글라스 군으로 이루어진 콤비.

부흐너 깔때기 할아버지

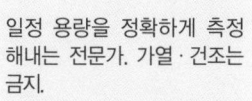

특기는 흡인여과. 안경을 끼고 있는데도 가끔 안경을 찾는다.

비커 다루는 방법

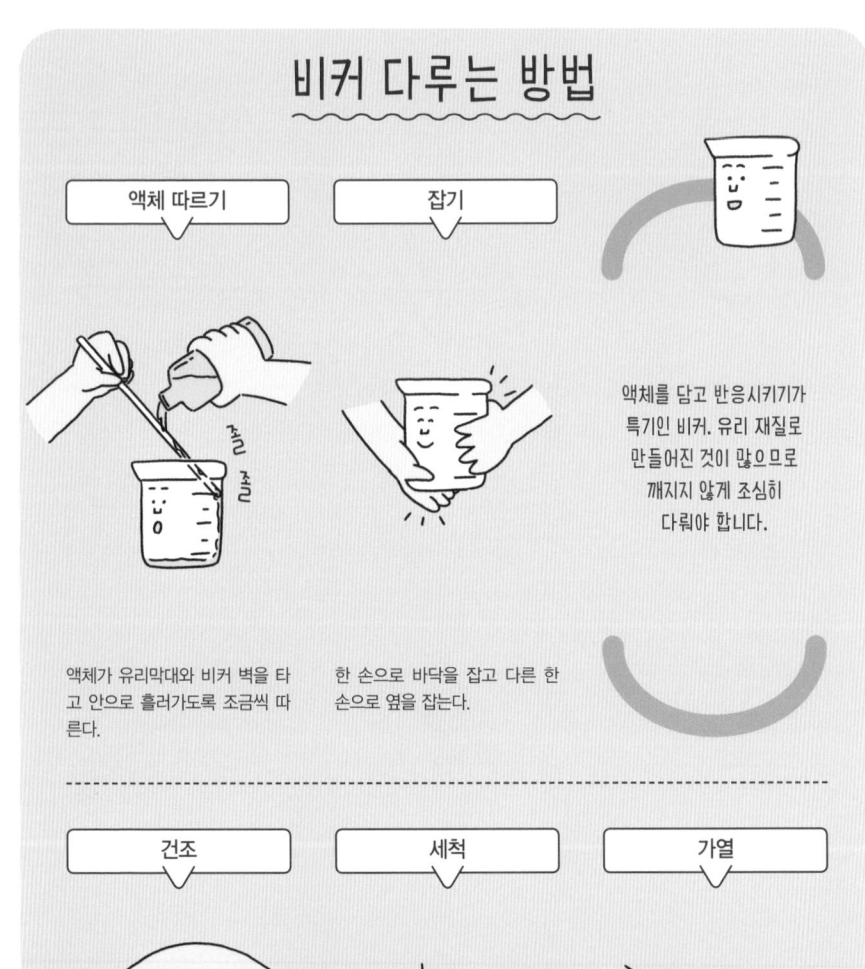

액체 따르기

액체가 유리막대와 비커 벽을 타고 안으로 흘러가도록 조금씩 따른다.

잡기

한 손으로 바닥을 잡고 다른 한 손으로 옆을 잡는다.

액체를 담고 반응시키기가 특기인 비커. 유리 재질로 만들어진 것이 많으므로 깨지지 않게 조심히 다뤄야 합니다.

건조

거꾸로 뒤집어서 자연 건조한다(전기 건조기에 넣어도 된다).

세척

바깥 면부터 먼저 씻어줘~

세제를 세척 브러시에 묻혀 바깥 면과 안쪽을 세척한다.

가열

비어 있는 상태로 가열하면 안 돼~

반드시 가열망을 밑에 깔고 가열한다.

시험관 다루는 방법

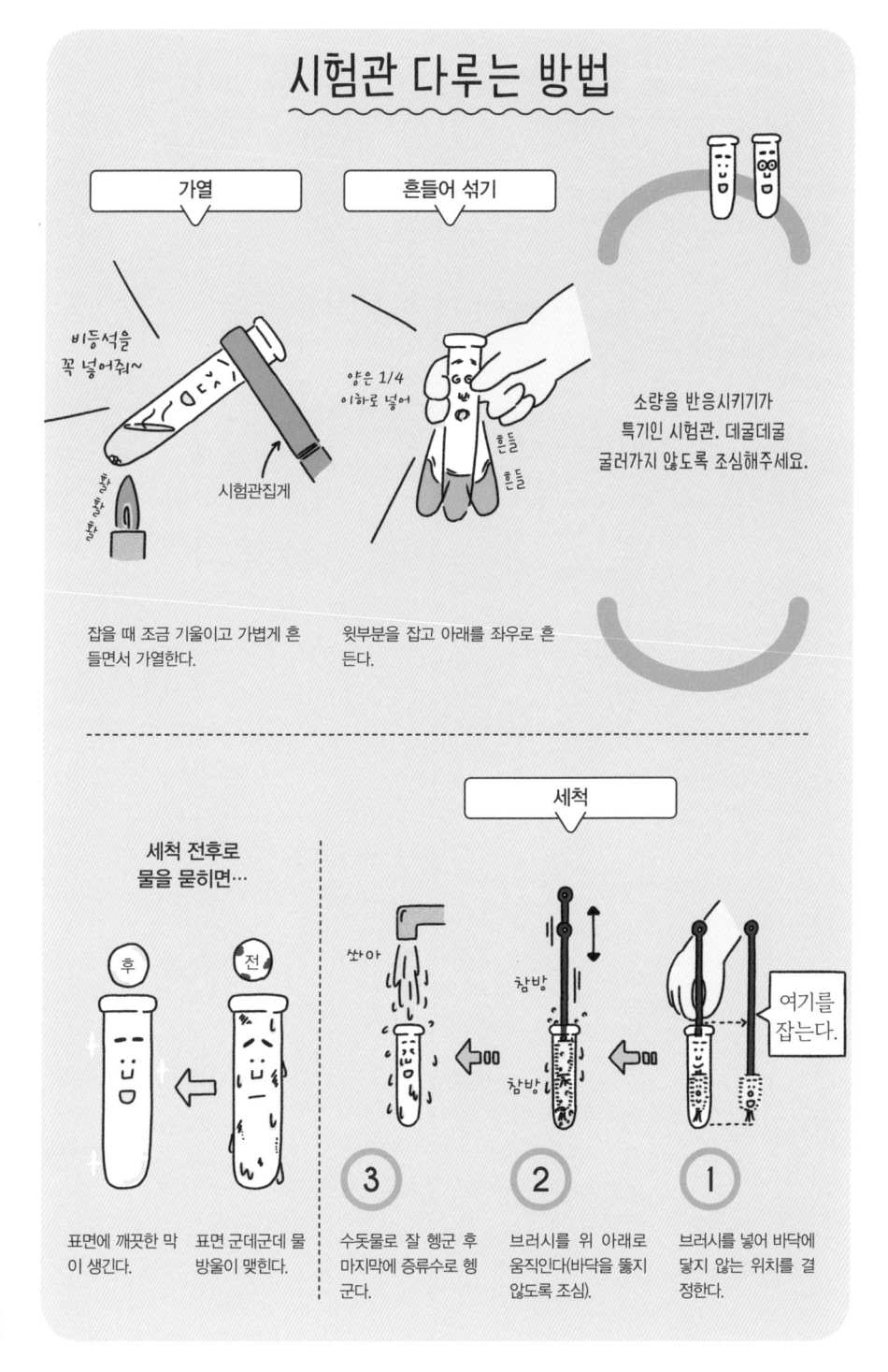

가열

비등석을 꼭 넣어줘~

시험관집게

잡을 때 조금 기울이고 가볍게 흔들면서 가열한다.

흔들어 섞기

양은 1/4 이하로 넣어

흔들 흔들

윗부분을 잡고 아래를 좌우로 흔든다.

소량을 반응시키기가 특기인 시험관. 데굴데굴 굴러가지 않도록 조심해주세요.

세척

세척 전후로
물을 묻히면…

후 전

표면에 깨끗한 막이 생긴다.

표면 군데군데 물방울이 맺힌다.

쏴아

3

수돗물로 잘 헹군 후 마지막에 증류수로 헹군다.

찰방

찰방

2

브러시를 위 아래로 움직인다(바닥을 뚫지 않도록 조심).

여기를 잡는다.

1

브러시를 넣어 바닥에 닿지 않는 위치를 결정한다.

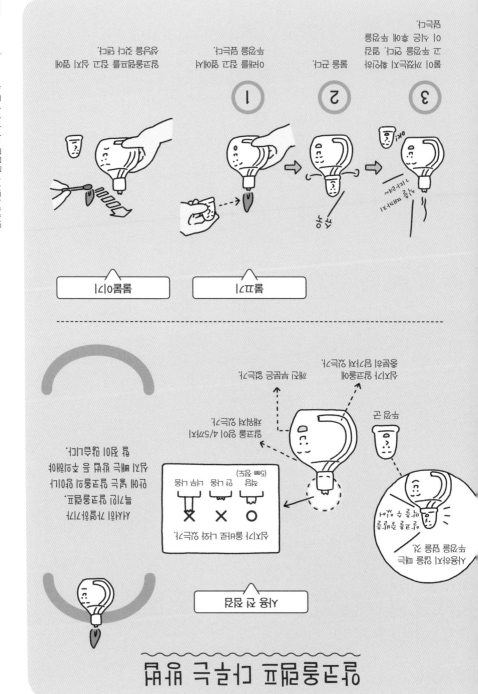

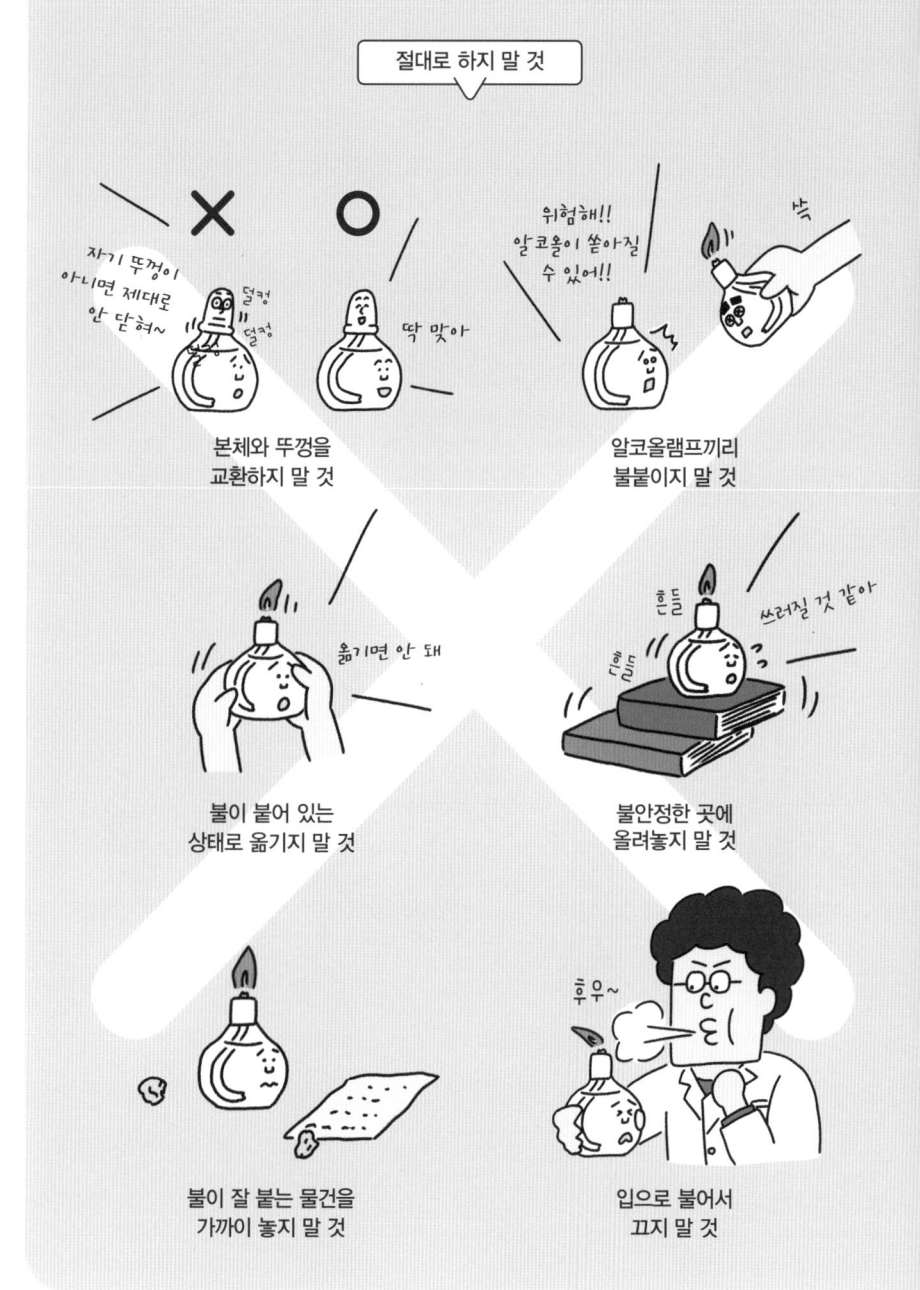

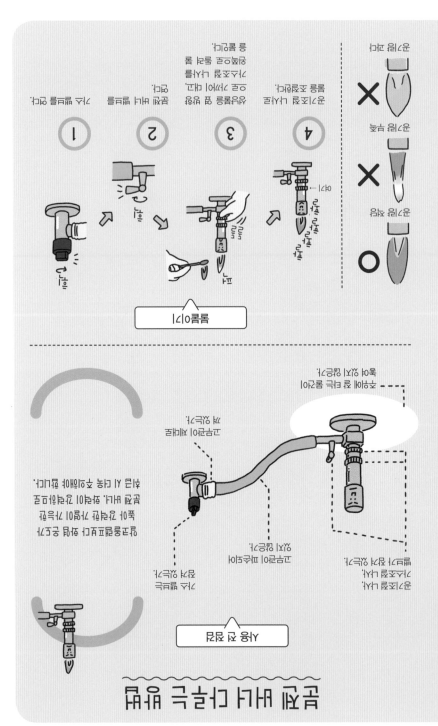

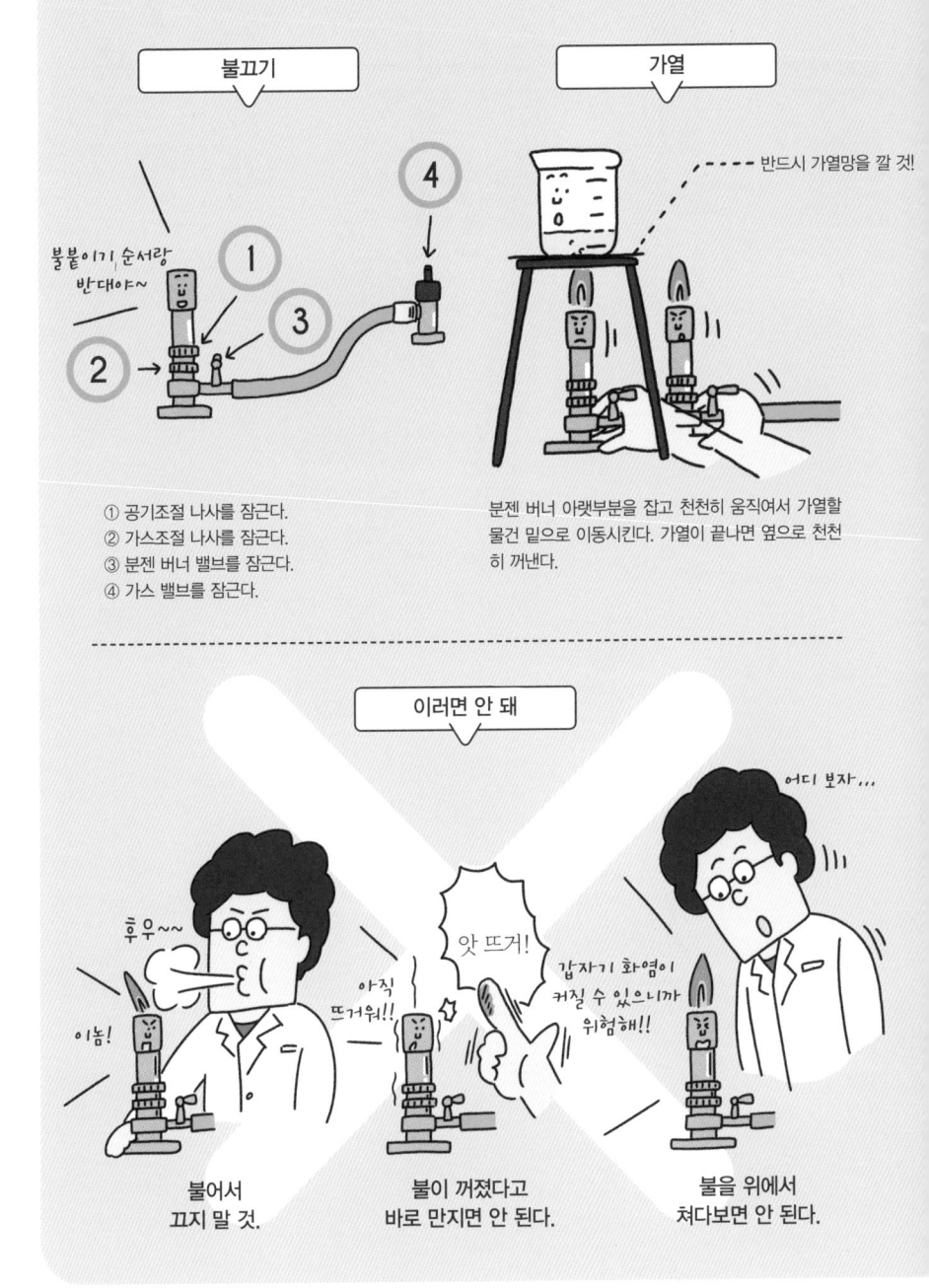

불끄기

불붙이기 순서랑 반대야~

① 공기조절 나사를 잠근다.
② 가스조절 나사를 잠근다.
③ 분젠 버너 밸브를 잠근다.
④ 가스 밸브를 잠근다.

가열

반드시 가열망을 깔 것!

분젠 버너 아랫부분을 잡고 천천히 움직여서 가열할 물건 밑으로 이동시킨다. 가열이 끝나면 옆으로 천천히 꺼낸다.

이러면 안 돼

어디 보자,,,

후우~~

이놈!

아직 뜨거워!!

앗 뜨거!

갑자기 화염이 커질 수 있으니까 위험해!!

불어서 끄지 말 것.

불이 꺼졌다고 바로 만지면 안 된다.

불을 위에서 쳐다보면 안 된다.

윗접시저울 다루는 방법

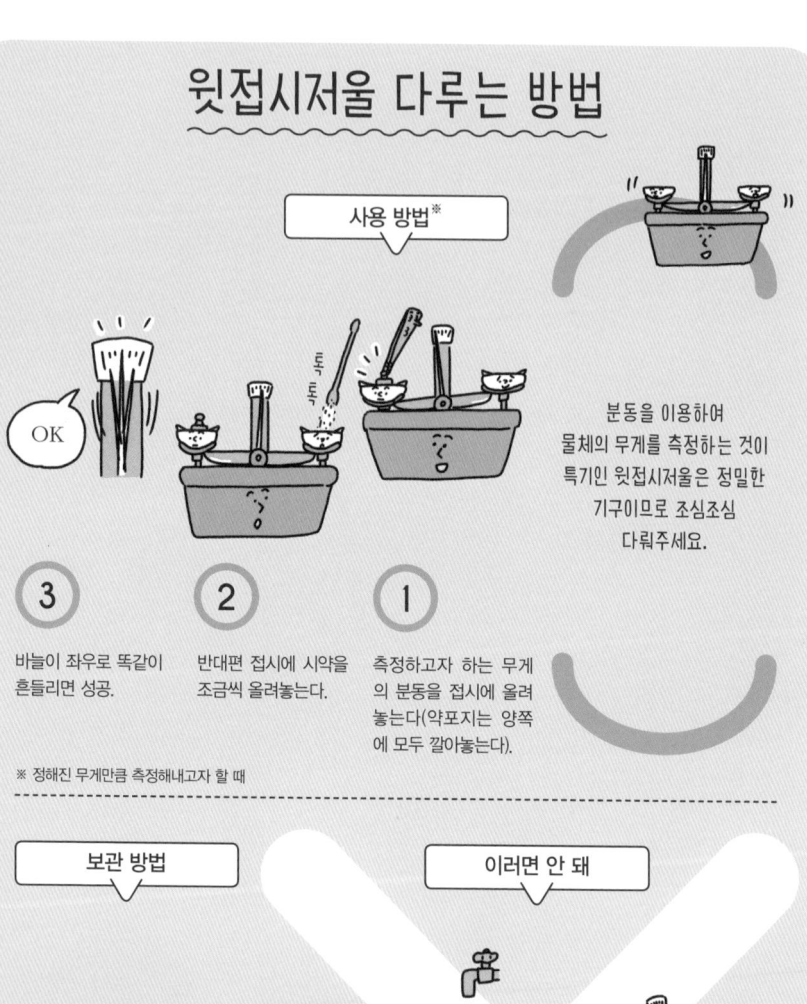

사용 방법*

분동을 이용하여 물체의 무게를 측정하는 것이 특기인 윗접시저울은 정밀한 기구이므로 조심조심 다뤄주세요.

3 바늘이 좌우로 똑같이 흔들리면 성공.

2 반대편 접시에 시약을 조금씩 올려놓는다.

1 측정하고자 하는 무게의 분동을 접시에 올려놓는다(약포지는 양쪽에 모두 깔아놓는다).

OK

※ 정해진 무게만큼 측정해내고자 할 때

보관 방법

두 장의 접시를 한쪽에 포개어 바늘이 움직이지 않도록 한다.

이러면 안 돼

고장 날 수 있어~

물에 닿지 않도록 한다.

정확하게 잴 수가 없어~

기울어진 장소에서 측정하지 말 것.

전자저울 다루는 방법

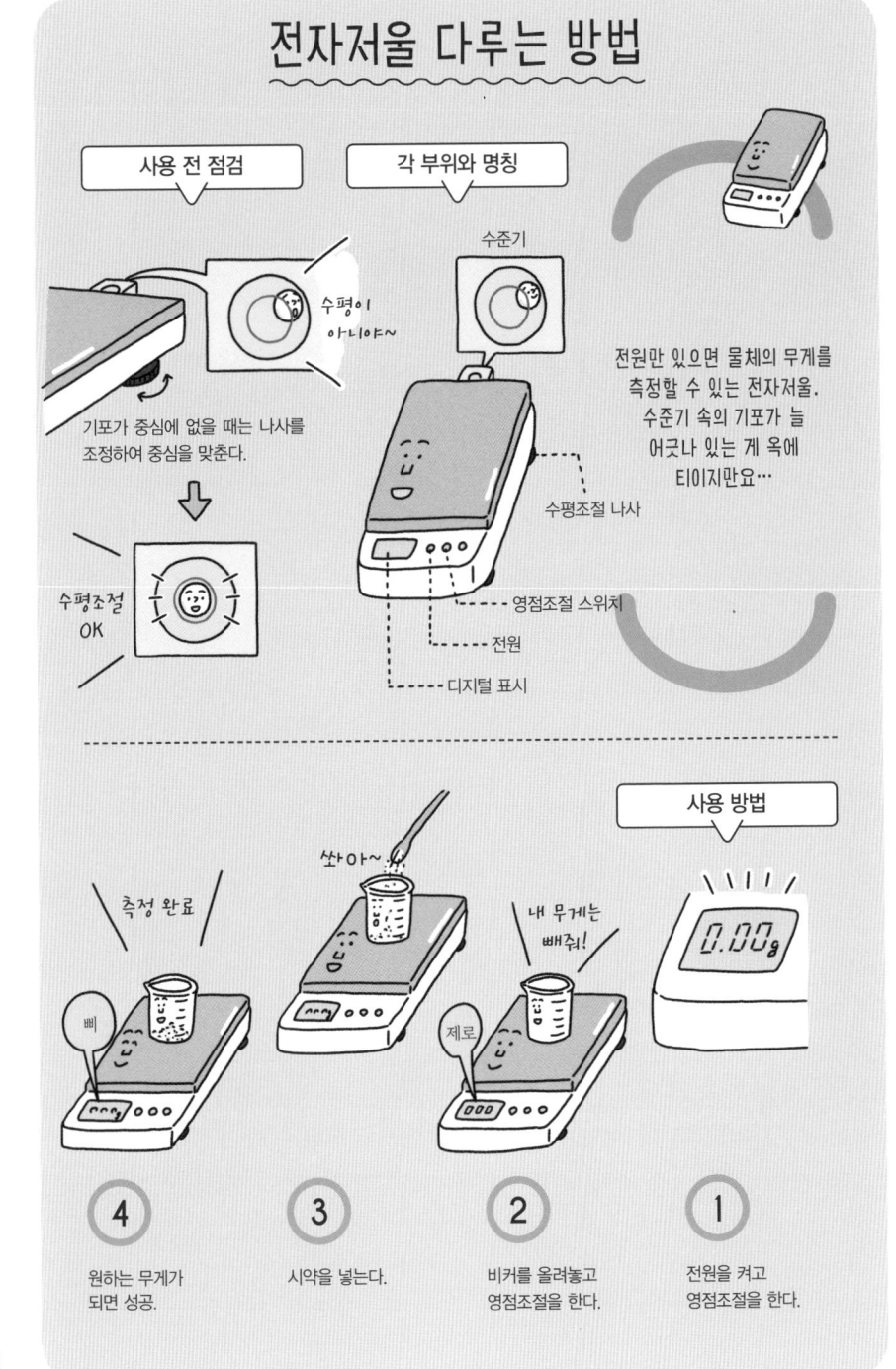

피펫 3종 다루는 방법

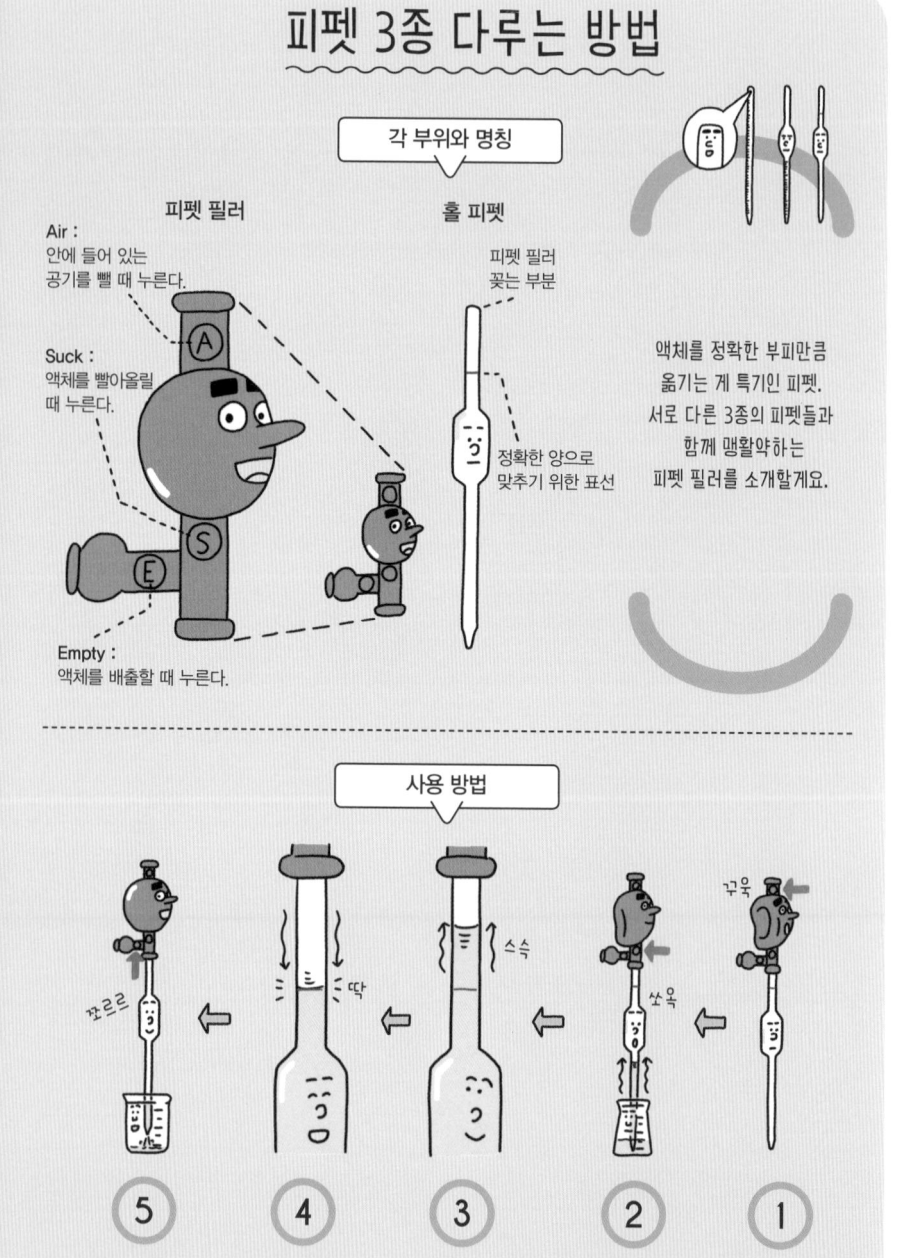

각 부위와 명칭

피펫 필러

홀 피펫

Air :
안에 들어 있는
공기를 뺄 때 누른다.

Suck :
액체를 빨아올릴
때 누른다.

Empty :
액체를 배출할 때 누른다.

피펫 필러
꽂는 부분

정확한 양으로
맞추기 위한 표선

액체를 정확한 부피만큼
옮기는 게 특기인 피펫.
서로 다른 3종의 피펫들과
함께 맹활약하는
피펫 필러를 소개할게요.

사용 방법

쏘르르

딱

스스

소 옥

꾸욱

⑤ T를 눌러서 다른 용기에 옮겨 담는다.

④ 액체 표면을 내려서 표선에 맞춘다.

③ 액체 표면이 표선보다 위에 오도록 빨아올린다.

② S를 눌러서 액체를 빨아올린다.

① A와 볼록한 고무공 부분을 눌러서 안의 공기를 빼낸다.

고마고메 피펫(눈금 스포이트)   메스피펫

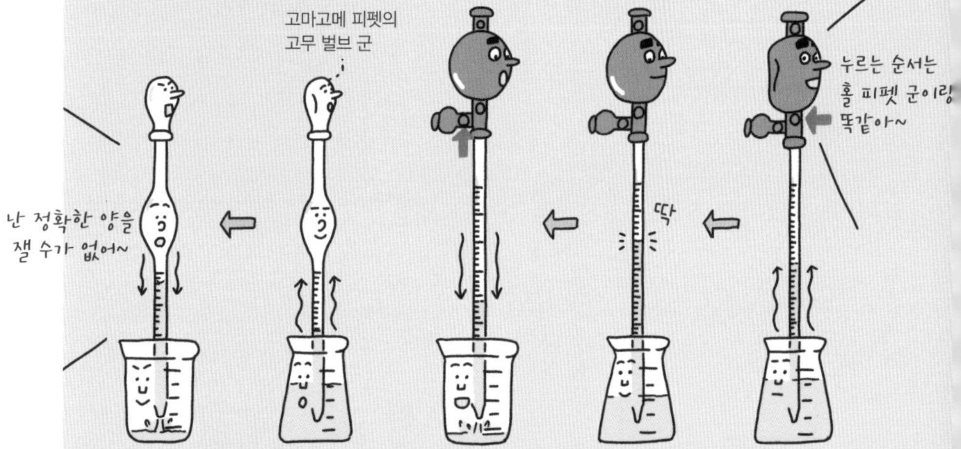

고마고메 피펫의
고무 벌브 군

누르는 순서는
홀 피펫 군이랑
똑같아~

난 정확한 양을
잴 수가 없어~

딱

② 다른 용기에 옮겨
담는다.

① 액체를 빨아올린다.

③ 필요한 양만큼 빼낸
다(눈금차로 계산).

② 일정 눈금에 맞춘다.

① 액체를 빨아올린다.

이러면 안 돼

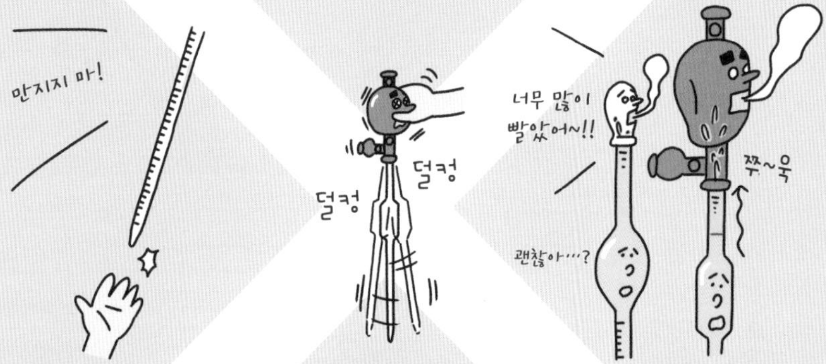

만지지 마!

덜컹 덜컹

너무 많이
빨았어~!!

괜찮아····?

쭈~욱

오염되므로 끝부분을 만지지
말 것.

피펫 필러를 잡고 흔들지 말 것.

너무 많이 빨아올리지 말 것
(피펫 필러 안으로 액체가
들어갈 수 있다).

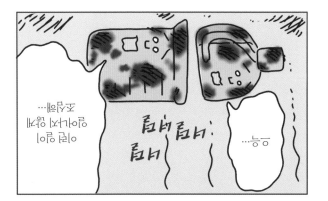

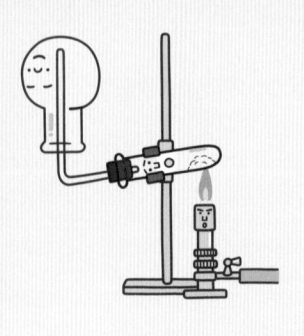

칼럼

제조하는 실험

다음 주제는 이거야

다음 장에서 다루는 주제는 '제조하는 실험'입니다. 사실 '제조'는 화학의 기본이기도 합니다. 흔히 화학자라고 하면 비커나 플라스크에 뭔가 수상한 물질을 합성해내는 이미지가 떠오르는데요. 현대 화학은 그렇게 수상한 건 아닙니다.

'제조하는 실험'은 늘 이루어지고 있습니다. 제조 과정이 중요할 때도 있고, 다른 실험을 위한 특정 물질의 제조가 목적이기도 하는 등 '제조'에도 여러 종류가 있습니다. 과학 발전의 역사에는 매우 중요한 합성실험들이 많습니다. 기원전부터 17세기까지 연금술이 성행하며 물질의 성질과 화학적 현상에 대한 탐구가 시작되었고 크게 발전했습니다. 메소포타미아 문명의 초기였던 기원전 3000년경(수메르 문명 시대)에 만들어진 '청동(합금)'은 화학이 세상을 바꾼 사례 중하나입니다. 구리에 주석을 섞으면 녹는점이 낮아져 가공이 쉬워질 뿐 아니라, 굳으면 구리보다 더 단단해져 도구와 무기의 우수한 재료가 되는데요. 이 기술은 훗날 금속을 광석에서 추출, 정련하는 '야금'이라는 금속공학과 과학으로 발전합니다.

19세기 급속도로 발전한 유기화학 또한 인류의 지식에 대한 지경을 크게 넓혔습니다. 특히 1953년 '유리-밀러의 실험'은 매우 뜻깊은 실험입니다. 수소, 물, 메테인, 암모니아 등 실험 당시 원시 지구의 대기와 해양에 존재했을 것으로 예상하던 물질을 플라스크에 넣고 불꽃방전을 일으켜, 무기물밖에 없던 지구에 유기물 생명체가 어떻게 탄생했는지를 알아보고자 한 실험이었습니다. 비록 생물은 만들어지지 않았지만(아직 성공사례가 없다) 이 실험을 통해 단백질 구성요소인 아미노산의 합성이 확인되었죠. 이후 수많은 논의 끝에 이 물질들이 생명 탄생의 요인은 아닌 것으로 보고 있지만, 생명 기원에 대한 생각을 크게 바꾼 대 실험임은 틀림없어 보입니다. 현재 우리는 플라스틱을 비롯한 각종 합성화학물질의 혜택을 누리며 살아가고 있습니다. 이렇듯 제조하는 실험은 인류의 생활과 생각을 바꾸고 현대 생활을 풍요롭게 한 과학 문명의 한 근간이기도 합니다.

CHAPTER

2

제조하는 실험

② 기체를 포집한다.

기체를 만드는 방법에는 여러 종류가 있지만 포집하는 방법은 3가지야.

상방치환법

공기보다 가볍다? 무겁다?

가볍다

하방치환법

무겁다

발생하는 기체가 물에 잘 녹는다?

Yes

No

수상치환법

이 3가지 방법을 기체의 성질에 따라 구분해서 사용하면 돼.

그랬구나~ 이름이 같으면 헷갈리지.

수중치환법
고체 시료의 비중을 측정하는 방법

액체 속에 시료를 넣고 비중을 측정

실은 수중치환법이라는 이름의 실험이 따로 있거든…

좋은 질문이야~

잠깐! 왜 수중이 아니고 수상이야?

좀 이상하잖아…

아하~

그럼 지금부터 내가 발생하는 실험을 소개할게.

기체 성질을 알아보는 방법(수소의 경우)

펑

불을 가까이 갖다 대면 소리 내며 연소한다.

수소 (잘 연소한다)

그래서 발생한 기체의 성질을 조사하는 게 중요해. 각 기체의 특징들을 이용해 조사하는 방법이 있지.

그렇구나~

O₂

③ 성질을 조사한다.

기체를 발생시켜 포집에 성공해도 그것이 전혀 다른 기체라면 아무 의미가 없어.

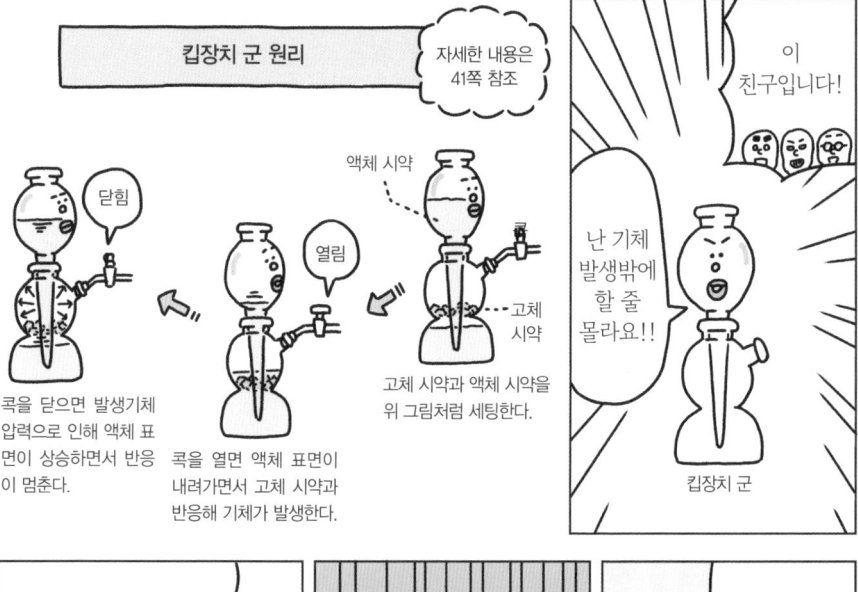

자세한 내용은 41쪽 참조

비커 군의 메모

▶ 기체 포집 방법은
3가지야.

킵장치는 정말 멋지게 생겼어요. 3단 호리병 모양도 그렇지만, '기체 발생만 가능하다'는 데서 느껴지는 전문성이 매력 포인트 같아요. 모 대학교 화학실험 기말고사에서 '킵장치를 그려보고 그 사용법에 대해 설명하시오'라는 문제가 나온 적이 있었는데, 수업을 자주 빼먹던 어느 학생이 '그건 또 뭐야?' 하면서 고뇌에 빠졌대요. 할 수 없이 티켓 자동 발매기를 최대한 자세히 그려서(자동개찰구가 없던 시절) 합격점을 받았대나 어쨌대나… 유머를 아는 교수님이어서 다행이었죠. 절대 제 이야기는 아닙니다!

산소 발생실험

실험 목적

• 산소를 발생시키고 포집하여 그 성질에 대해 알아본다.

① 이산화 망가니즈를 삼각 플라스크에 넣는다.
② 장치를 설치하고 과산화 수소수를 붓는다.
③ 발생한 산소를 포집하고 뚜껑을 닫는다.
④ 포집한 병에 양초를 넣어 불꽃이 더 밝게 타오르는지 확인한다(산소인지를 조사하는 실험).

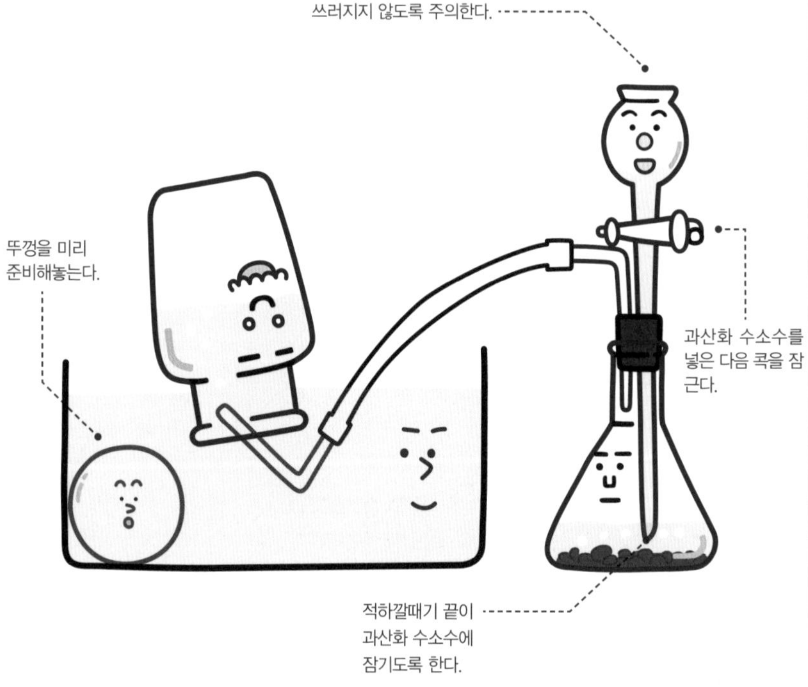

쓰러지지 않도록 주의한다.

뚜껑을 미리 준비해놓는다.

과산화 수소수를 넣은 다음 콕을 잠근다.

적하깔때기 끝이 과산화 수소수에 잠기도록 한다.

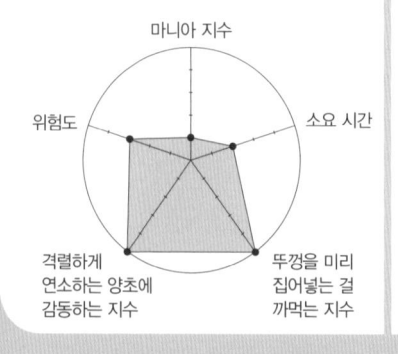

- 마니아 지수
- 위험도
- 소요 시간
- 격렬하게 연소하는 양초에 감동하는 지수
- 뚜껑을 미리 집어넣는 걸 까먹는 지수

조언 한 마디

Onepoint Advice

"처음에 나오는 기체는
삼각 플라스크에 원래
들어 있던 기체이므로
포집하지 말 것."

암모니아 발생실험

실험 목적

- 암모니아를 발생시키고 포집하여 그 성질에 대해 알아본다.

① 시험관 안에 시약을 넣는다.
② 장치를 세팅한 다음 가열을 시작한다.
③ 둥근바닥 플라스크에서 자극적인 냄새가 나기 시작하면 물에 적신 리트머스 종이를 플라스크 입구에 갖다 대어 파란색으로 변화하는지 확인한다(암모니아인지를 조사하는 실험).

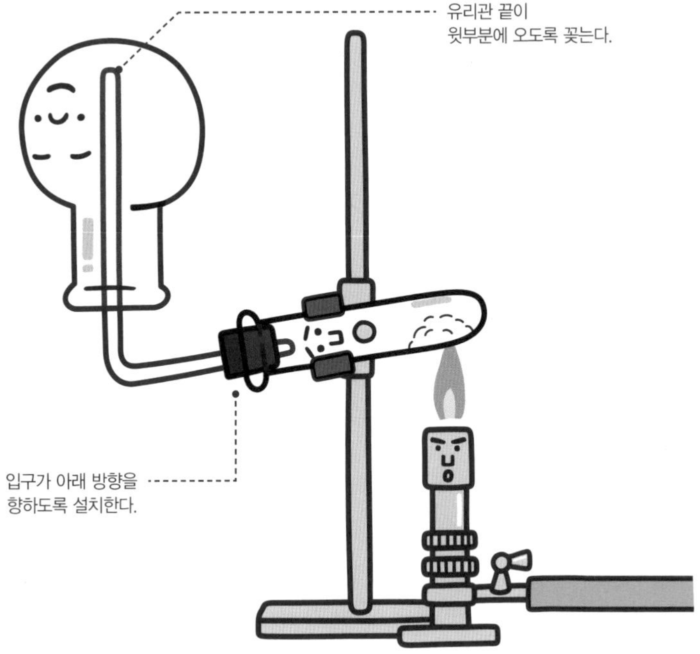

유리관 끝이
윗부분에 오도록 꽂는다.

입구가 아래 방향을
향하도록 설치한다.

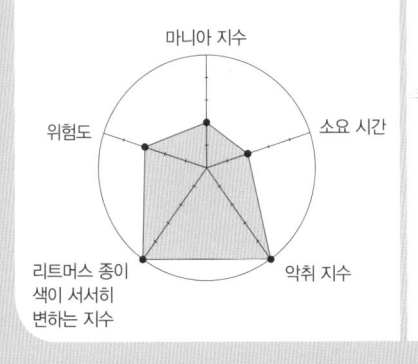

마니아 지수

소요 시간

위험도

악취 지수

리트머스 종이
색이 서서히
변하는 지수

조언 한 마디

Onepoint
Advice

"암모니아 냄새를

맡을 때는 손으로

부채질하면서 맡을 것."

이산화 탄소 발생실험

실험 목적

• 이산화 탄소를 발생시키고 포집하여 그 성질에 대해 알아본다.

 **실험 순서**

① 시험관에 탄산수소 나트륨을 넣는다.
② 장치를 세팅하고 가열을 시작한다.
③ 반응시키고 몇 분 후 뚜껑으로 집기병을 닫는다.
④ 집기병에 석회수를 재빨리 넣고 잘 흔들어서 뿌옇게 변하는지 확인한다(이산화 탄소인지를 확인하는 실험).

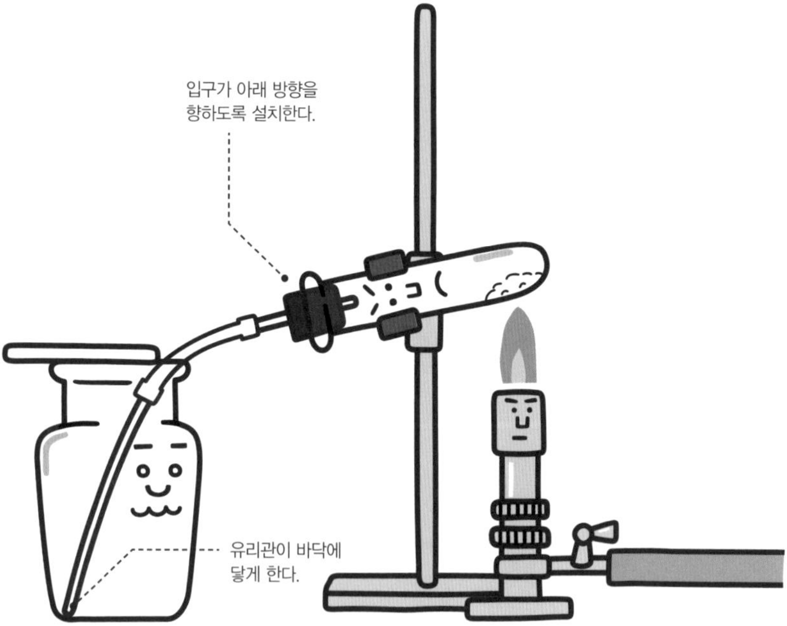

입구가 아래 방향을 향하도록 설치한다.

유리관이 바닥에 닿게 한다.

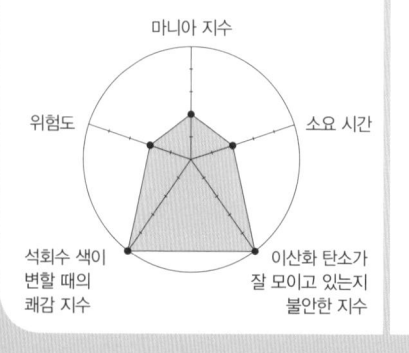

마니아 지수
소요 시간
이산화 탄소가 잘 모이고 있는지 불안한 지수
석회수 색이 변할 때의 쾌감 지수
위험도

조언 한 마디
Onepoint
Advice

"고순도 이산화 탄소를

포집하고 싶을 때는

수상치환을 이용할 것."

{ 우리 주변의 기체들 }

종류가 여러 가지네~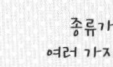

이산화 탄소

나를 고체로 만들면 드라이아이스가 돼

- 무색무취
- 공기보다 무겁다.
- 석회수와 반응하면 뿌예진다.
- 탄산수는 물에다 이산화 탄소를 녹인 것.

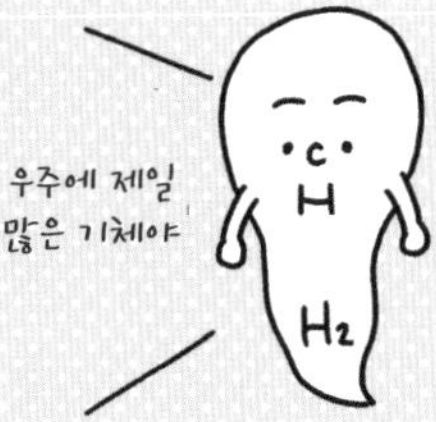

CO_2

보글 보글

질소

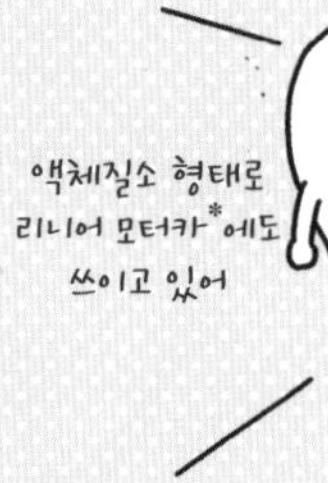

액체질소 형태로 리니어 모터카*에도 쓰이고 있어

- 무색무취
- 공기보다 가볍다.
- 스프레이 제품의 분사제로 쓰인다.

N_2

익

수소

우주에 제일 많은 기체야

- 무색무취
- 공기보다 매우 가볍다.
- 폭발성이 있다.
- 로켓 연료로 쓰인다.

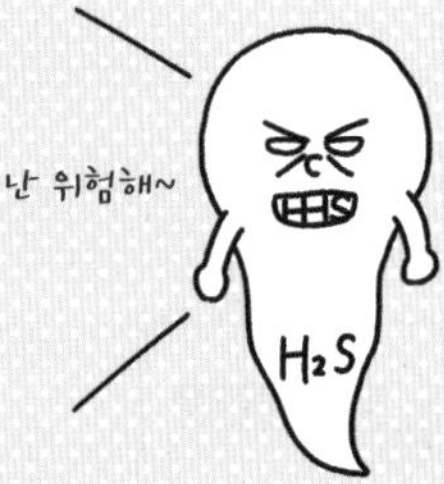

H_2

고 고 고

산소

호흡에 꼭 필요해

- 무색무취
- 공기보다 무겁다.
- 액체산소는 자성을 지닌다.
- 가스용접에 이용된다.

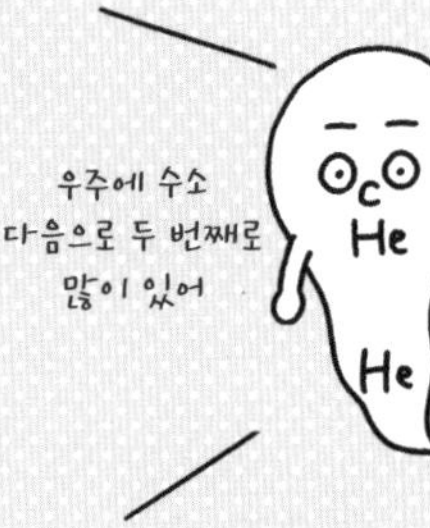

O_2

지지직

황화 수소

난 위험해~

- 무색
- 계란 썩은 냄새
- 공기보다 무겁다.
- 화산가스에 함유되어 있다.

H_2S

헬륨

우주에 수소 다음으로 두 번째로 많이 있어

- 무색무취
- 공기보다 가볍다.
- 원소 중에서 끓는점이 가장 낮다(-269℃).
- 풍선 충전 가스로도 쓰인다.

He

He

* linear motorcar, 자석의 반발력을 이용하여 차바퀴가 궤도와 접촉하지 않고 공중에 떠서 달리는 차량

킵장치 군

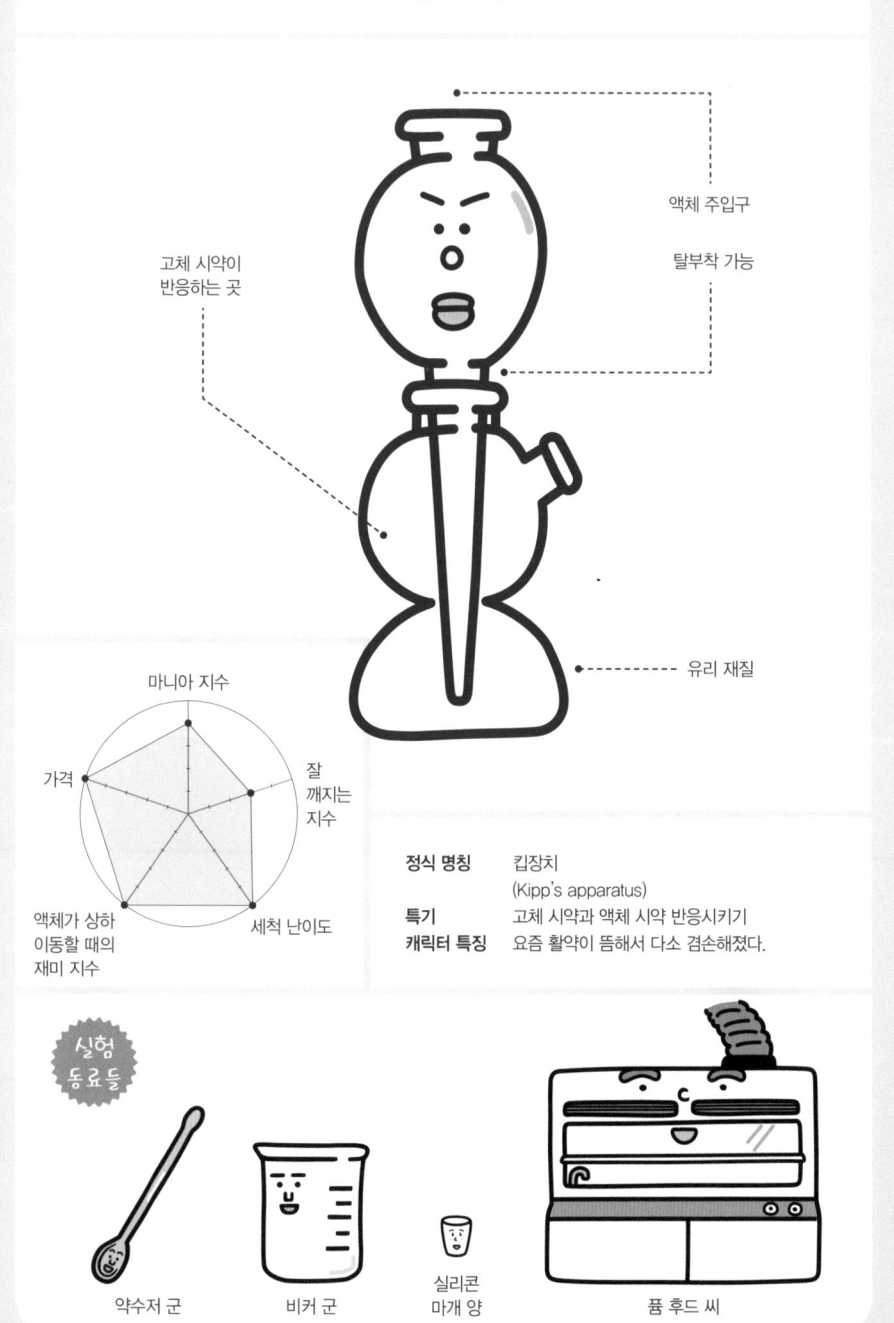

액체 주입구
탈부착 가능

고체 시약이
반응하는 곳

유리 재질

마니아 지수

가격

잘
깨지는
지수

액체가 상하
이동할 때의
재미 지수

세척 난이도

정식 명칭	킵장치 (Kipp's apparatus)
특기	고체 시약과 액체 시약 반응시키기
캐릭터 특징	요즘 활약이 뜸해서 다소 겸손해졌다.

실험
동료들

약수저 군

비커 군

실리콘
마개 양

품 후드 씨

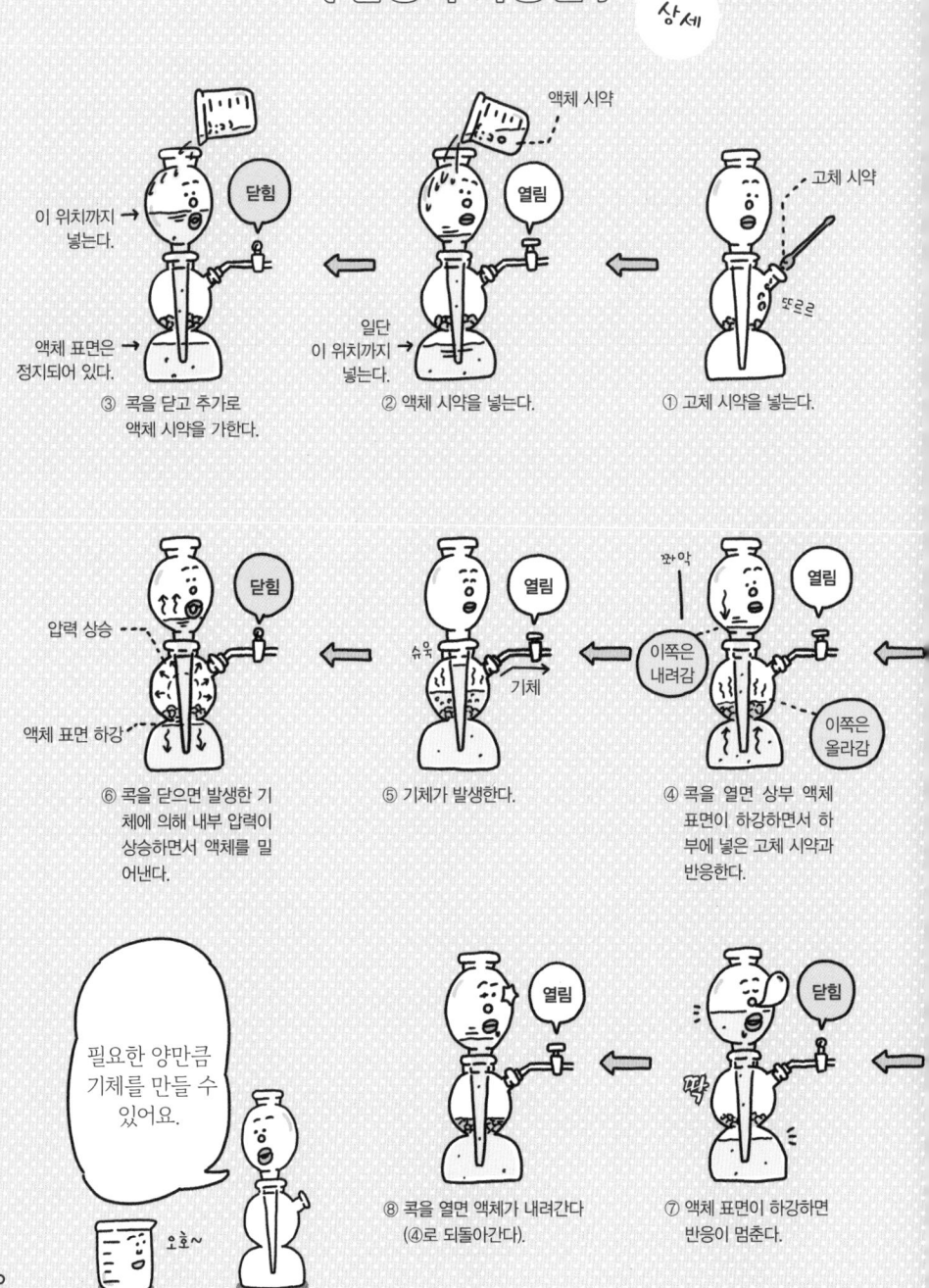

{ 킵장치 사용법 }

상세

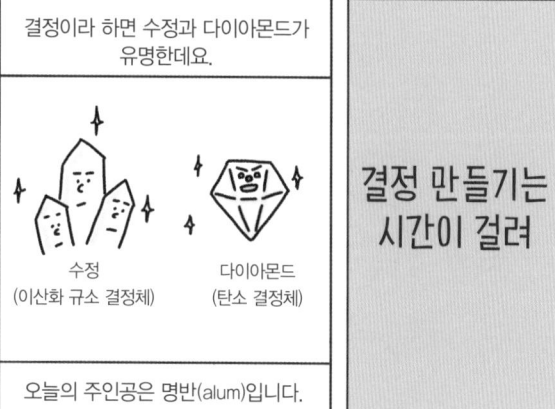
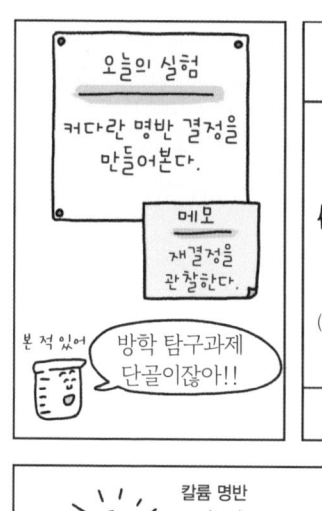
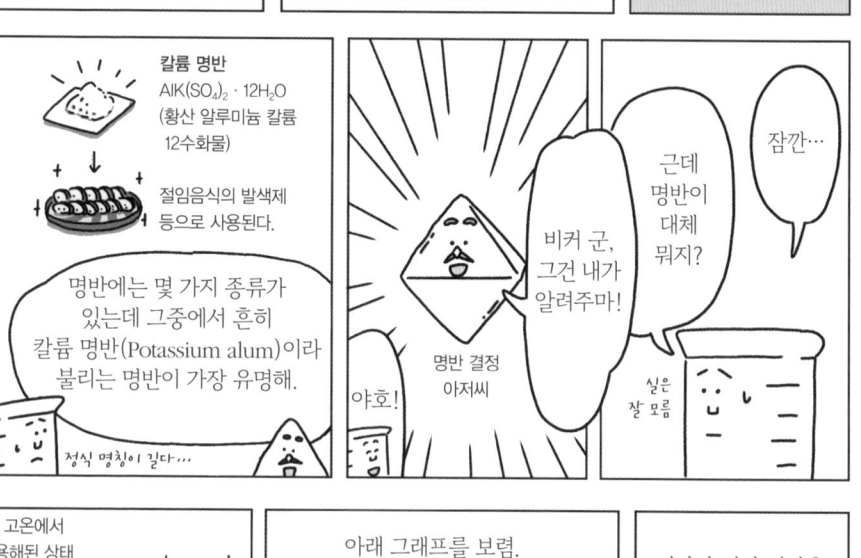
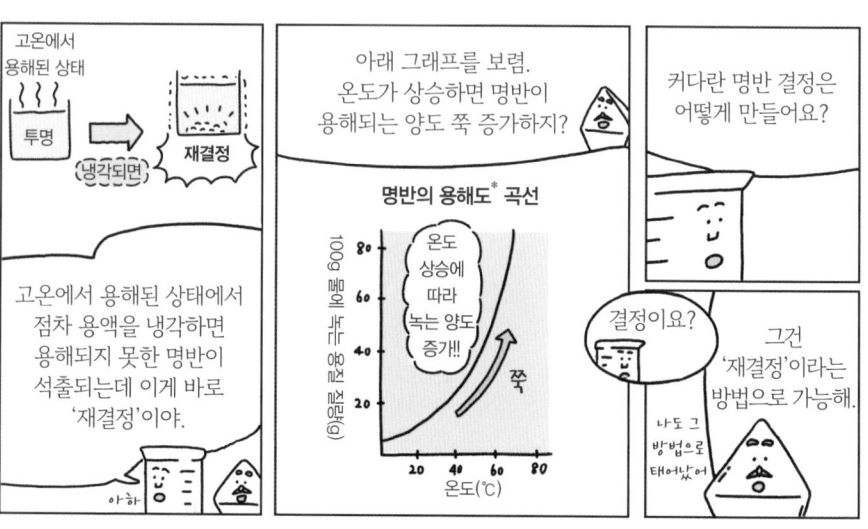

* 일정한 온도에서 용매 100g에 녹을 수 있는 용질의 최대량. 용질의 그램(g) 수로 나타낸다.

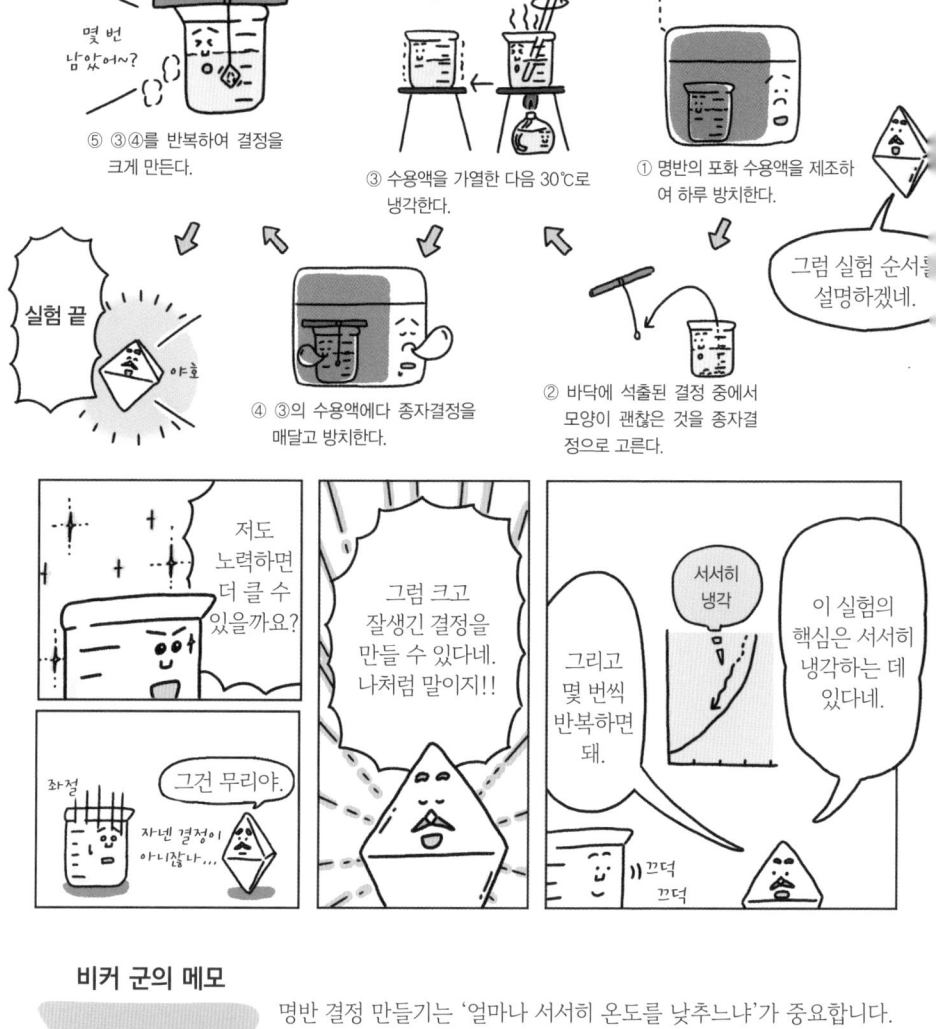

비커 군의 메모

▶ 명반의 정식 명칭은 좀 길어.

명반 결정 만들기는 '얼마나 서서히 온도를 낮추느냐'가 중요합니다. 실험실에는 온도조절 장치인 항온기가 있지만 보통 가정집에는 이런 장비가 없죠. 그래서 제가 생각한 것이 고타쓰*입니다. 종자결정을 매달은 비커를 스티로폼 박스에 넣고 고타쓰 안에 넣습니다. 온도를 최고온도에서 몇 시간마다 조금씩 낮추면 며칠 안에 거대한 결정을 만들 수 있습니다. 단, 고타쓰 안에서 발로 박스를 차버리면 대참사가 일어나니 조심하시길.

* 숯불이나 전기 등의 열원 위에 틀을 놓고 그 위에 이불을 덮는 일본식 난방 기구

명반 결정 생성실험

실험 목적

• 명반 결정을 제조한다.

 **실험 순서**

① 명반의 포화 수용액을 제조하여 스티로폼 박스에 넣고 하루 동안 방치한다.
② 바닥에 생성된 결정 중에서 모양이 괜찮은 것을 골라 종자결정으로 한다.
③ 수용액을 가열하여 모두 용해한 후 30℃로 냉각한다.
④ 종자결정을 ③의 수용액에 매달아 넣고 ①과 동일한 조건으로 방치한다.
⑤ 방치 후 ③④를 반복하여 결정을 크게 만든다.

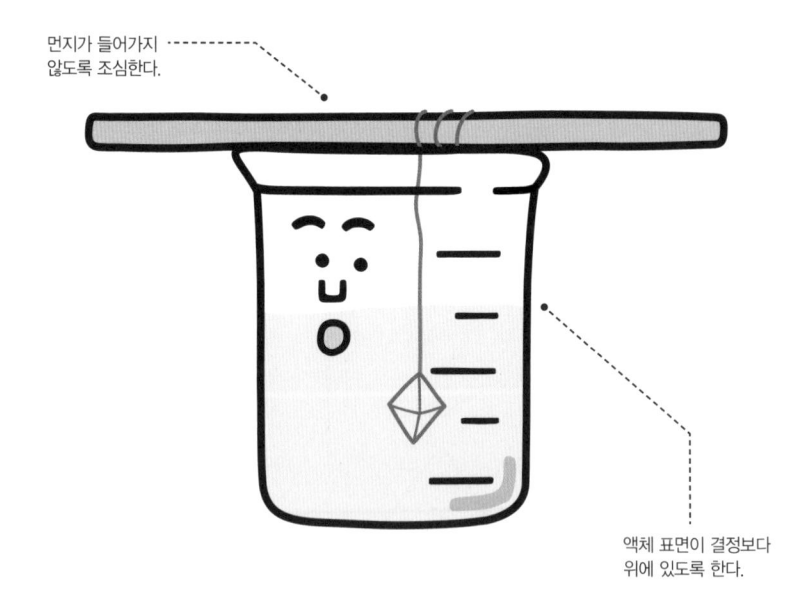

먼지가 들어가지 않도록 조심한다.

액체 표면이 결정보다 위에 있도록 한다.

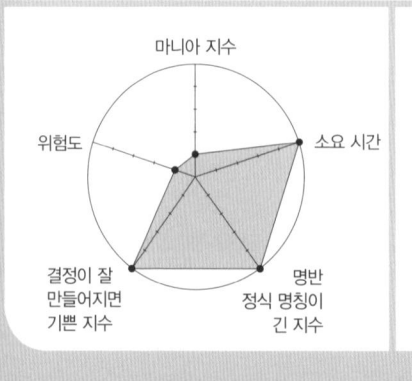

마니아 지수
위험도
소요 시간
결정이 잘 만들어지면 기쁜 지수
명반 정식 명칭이 긴 지수

조언 한 마디
Onepoint Advice

"먼지가 들어가면 그것이 핵이

되어 자잘한 결정이 만들어지므로

스티로폼 박스 뚜껑은

반드시 닫을 것."

명반 결정 아저씨

정식 명칭	황산 알루미늄 칼륨 · 12수화물 결정 (crystal of aluminum potassium sulfate dodecahydrate)
특기	정팔면체의 아름다움을 널리 알리기
캐릭터 특징	모양은 뾰족하지만 마음은 따뜻하다.

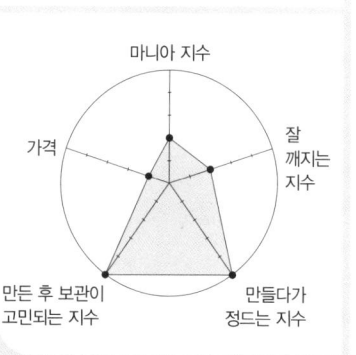

마니아 지수
잘 깨지는 지수
가격
만든 후 보관이 고민되는 지수
만들다가 정드는 지수

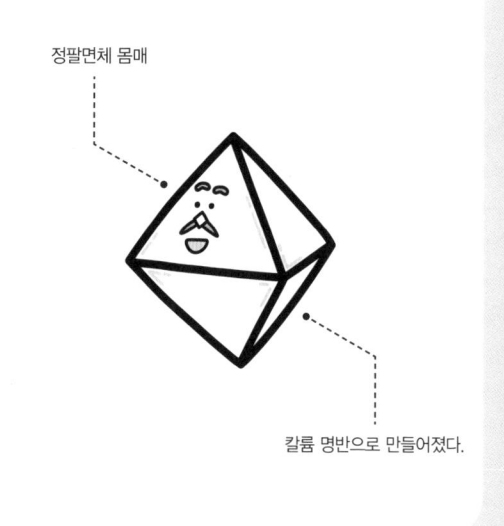

정팔면체 몸매

칼륨 명반으로 만들어졌다.

스티로폼 박스 군

정식 명칭	스티로폼 박스 (styrofoam box)
특기	보온하기
캐릭터 특징	자기 생각을 말하지 못하고 속에 담아두는 성격

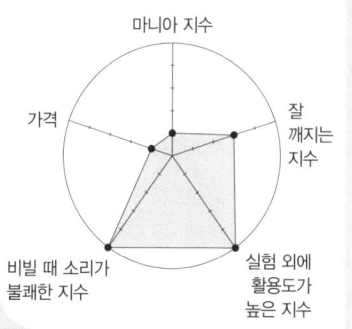

마니아 지수
잘 깨지는 지수
가격
비빌 때 소리가 불쾌한 지수
실험 외에 활용도가 높은 지수

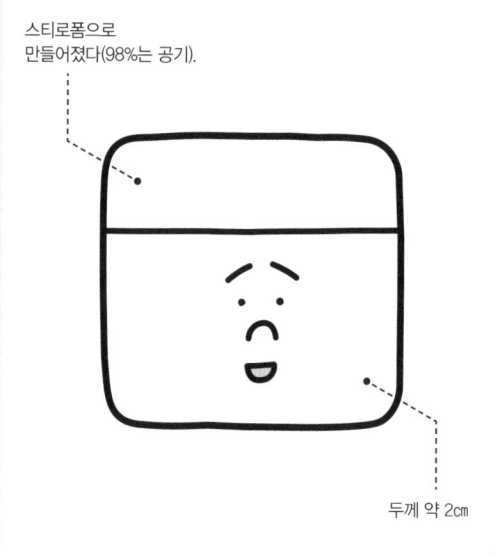

스티로폼으로 만들어졌다(98%는 공기).

두께 약 2cm

시작하겠습니다.

다들 오신 것 같으니

제1차
기체
정상회담

기체들의 고민

저요!

그럼 먼저 '기체, 이럴 때 있다 있어' 안건을 나눠보도록 하죠.

수소 군, 말씀 하세요.

안녕하세요~

황화 수소 군   질소 군   이산화 탄소 군   헬륨 군   수소 군

맞소~

눈에 안 보여서 그런가 봐

저요! 무시당할 때가 많아요.

우리한테도 질량은 있다고!

가볍게 본다니까~

옳소~

무게가 전혀 없다고 오해 받아요

비커 군의 메모

▶ 썩은 달걀 냄새가 나는 건 황화 수소 군 밖에 없지…

썩은 달걀 냄새 날 때가 있다.

그럼 이번엔 제가…

'날 때가 있다'니, 계속 나잖아…

없지   없어   없는데

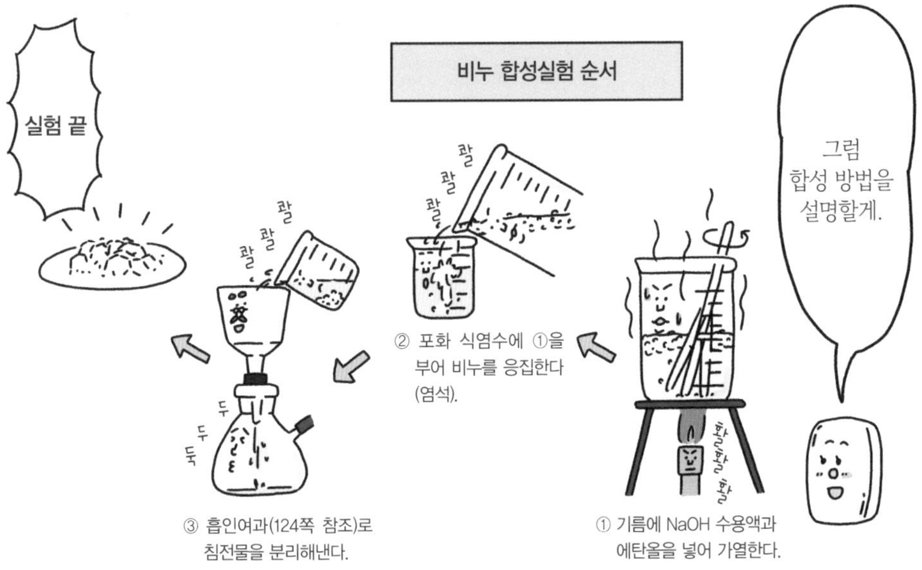

실험 끝

비누 합성실험 순서

그럼 합성 방법을 설명할게.

콸 콸 콸

② 포화 식염수에 ①을 부어 비누를 응집한다 (염석).

③ 흡인여과(124쪽 참조)로 침전물을 분리해낸다.

① 기름에 NaOH 수용액과 에탄올을 넣어 가열한다.

얼른 씻고 올게~!!

어느 방법이든 사용하는 염기는 만지면 위험하니까 다룰 때 조심해야 해.

위험해?!

넌 유리라서 괜찮은데…

……

시약병 군

반가워~

NaOH 수용액

감화법	유지 + 염기 → 비누(+글리세린)
중화법	지방산 + 염기 → 비누

위의 방법은 감화법(비누화)이고, 이밖에 중화법도 있어.

공장에서는 주로 중화법을 사용해.

※ 14쪽 참조

비커 군의 메모

▶ 액체 비누는 고체 비누를 희석한 것이 아니야.

비누 만들기는 즐거운 과학실험입니다. 하지만 수산화 나트륨 같은 강한 염기성 약품을 다룰 때는 주의를 기울여야 합니다. 오르토규산 나트륨을 사용하면 화기를 쓸 필요가 없어 어린이도 안전하게 실험할 수 있습니다. 친환경적인 폐유 처리 방법을 배울 수 있어 비누 만들기가 유행한 적도 있었죠. 그런데 튀김 요리를 한 폐식용유로 비누를 만들면 완성된 비누에서 튀김 냄새가 납니다. 이 비누로 씻으면 손과 물건에서도 느끼한 냄새가 나서 울렁거릴 수도 있어요. 깨끗한 비누를 만들려면 깨끗한 기름이 필요합니다.

비누 합성실험

실험 목적

• 비누를 합성한다.

실험 순서

① 코코넛오일에 수산화 나트륨 수용액, 에탄올을 넣고 가열한다.
② 포화 식염수에 ①의 액체를 넣는다(염석).
③ 흡인여과로 비누를 분리해낸다.

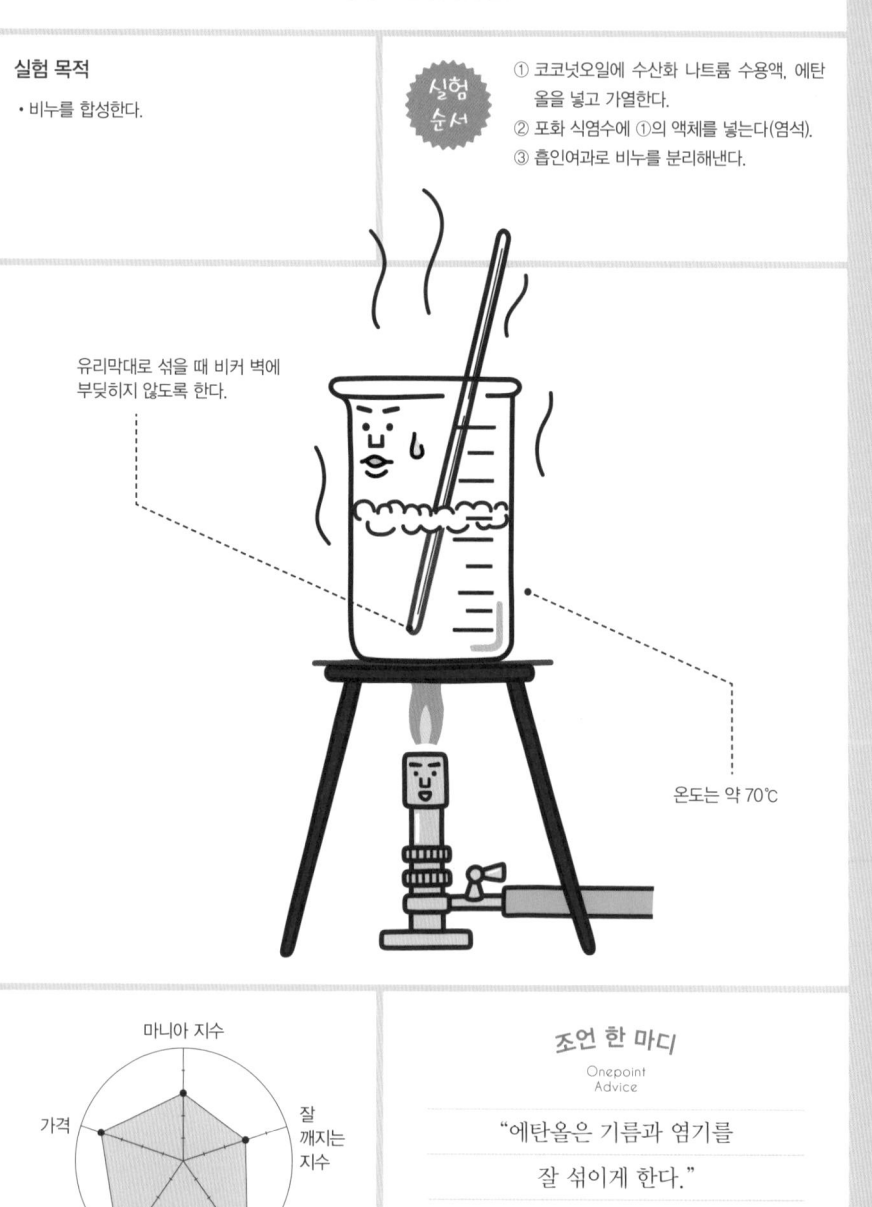

유리막대로 섞을 때 비커 벽에
부딪히지 않도록 한다.

온도는 약 70℃

마니아 지수

잘
깨지는
지수

가격

실험 후
집 비누가
궁금해지는 지수

만들면 바로
써보고 싶은 지수

조언 한 마디
Onepoint
Advice

"에탄올은 기름과 염기를

잘 섞이게 한다."

비누 양

정식 명칭	비누 (soap)
특기	때를 지워서 깨끗하게 만들기
캐릭터 특징	평소에는 상냥하지만 지적할 땐 거침없다.

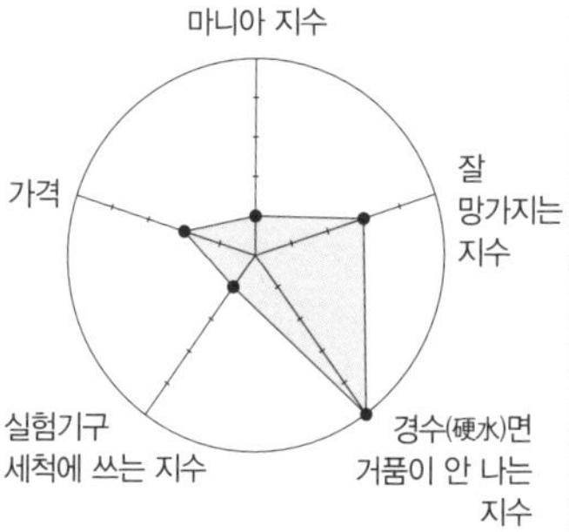

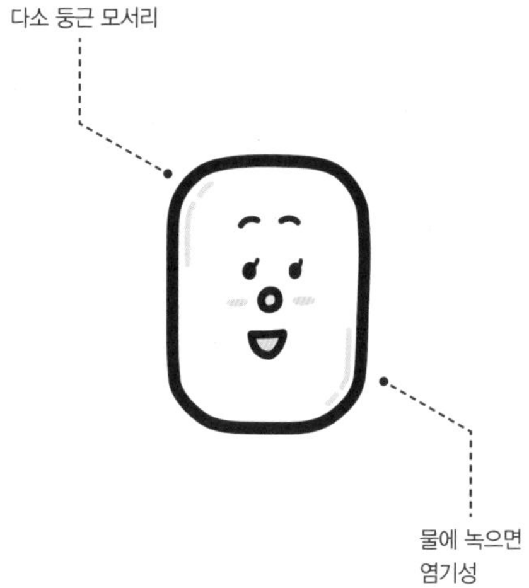

다소 둥근 모서리

물에 녹으면
염기성

마니아 지수

잘
망가지는
지수

가격

경수(硬水)면
거품이 안 나는
지수

실험기구
세척에 쓰는 지수

{ 계면활성제가 들어간 것들 }

다양한
분야에서 쓰이는
계면활성제들
중에서 일부만
소개할게.

발포 세정제로 들어감

린스제로 들어감

안료 분산제로 들어감

샴푸

컨디셔너

도료

약제 분산제로 들어감

세정제로 들어감

유화제로 들어감

의약품

세탁세제   주방세제

버터   아이스크림

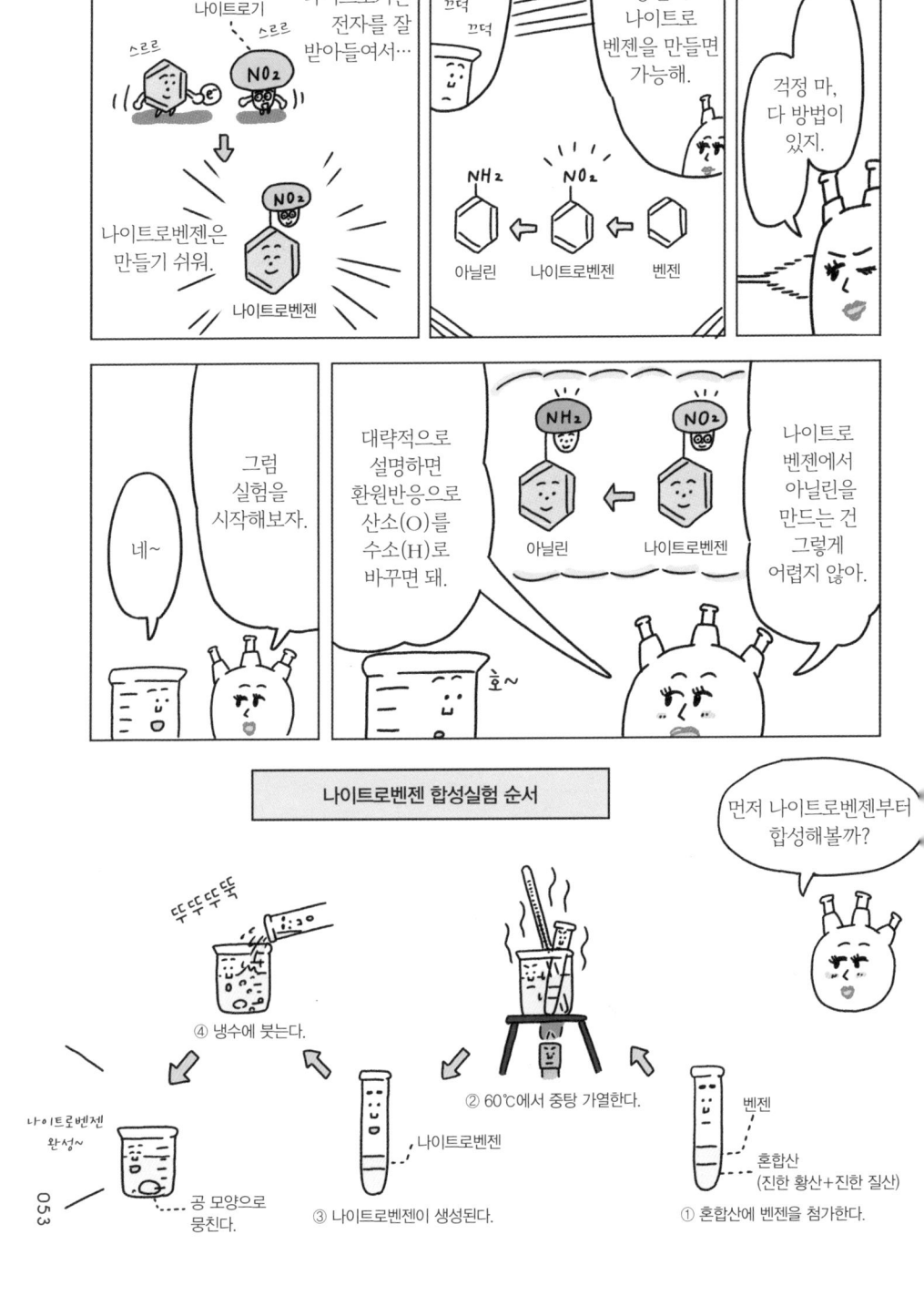

비커 군의 메모

▶ 나이트로벤젠을 물에 넣으면 공 모양이 돼.

방향족 화합물의 '방향'이라는 단어는 벤젠고리가 있는 페놀이나 크레졸 등에서 강한 향이 나는 데서 유래했습니다. 하지만 방향(꽃다운 향기)과는 다소 거리가 먼, 꽤 불쾌한 냄새들이죠. 향을 맡고 싶다면 같은 유기화학 합성실험인 아세트산 에스터류 합성을 추천합니다. 사과, 바나나, 파인애플처럼 맛있는 향을 맡을 수 있어요. 하지만 그대로 방치했다간 냄새들이 뒤섞여 강렬한 악취로 실험실이 가득 찰 수 있으니 조심하시길.

나이트로벤젠 합성실험

실험 목적

- 나이트로벤젠을 합성한다.

실험 순서

① 혼합산에 벤젠을 첨가한다.
② 60℃에서 중탕 가열한다.
③ 나이트로벤젠이 생성된다.
④ 냉수에 붓는다.

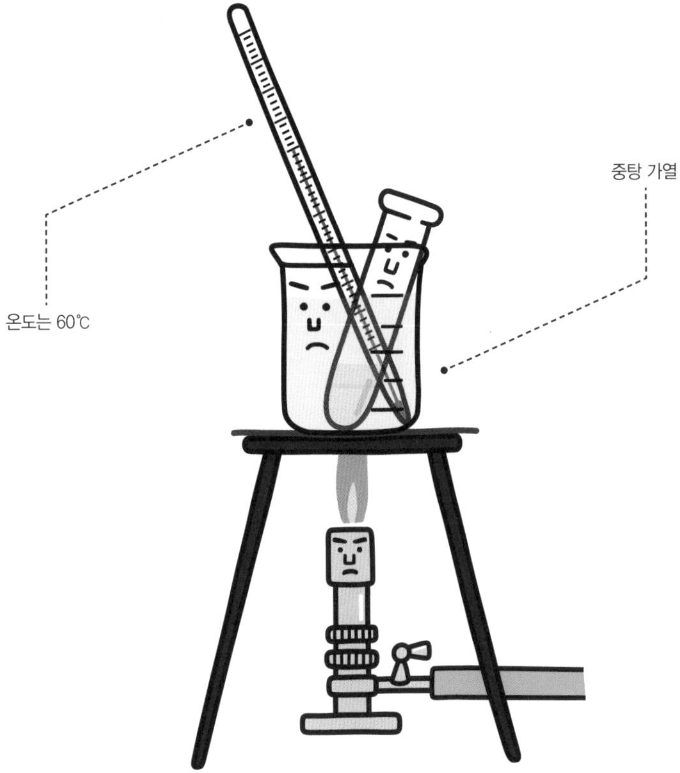

온도는 60℃

중탕 가열

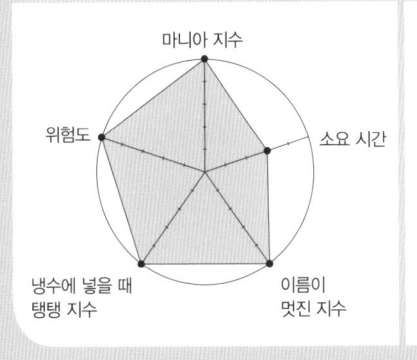

마니아 지수

소요 시간

위험도

냉수에 넣을 때
탱탱 지수

이름이
멋진 지수

조언 한 마디
Onepoint Advice

"온도가 60℃를 넘으면
다른 반응이 일어날 가능성이
있으므로 온도조절을
확실히 할 것."

아닐린 합성실험

실험 목적

• 나이트로벤젠에서 아닐린을 합성한다.

① 나이트로벤젠에 주석과 염산을 넣어 가열하고 잘 흔들어준다.
② 생성된 아닐린 염산염을 삼각 플라스크에 넣는다.
③ 수산화 나트륨 수용액을 첨가하여 아닐린을 유리시킨다.
④ 다이에틸 에테르를 가하여 아닐린을 추출한다.
⑤ 에테르층을 분리하여 증류로 다이에틸 에테르를 제거한다.

액체 양은
시험관 길이의 1/4 이하

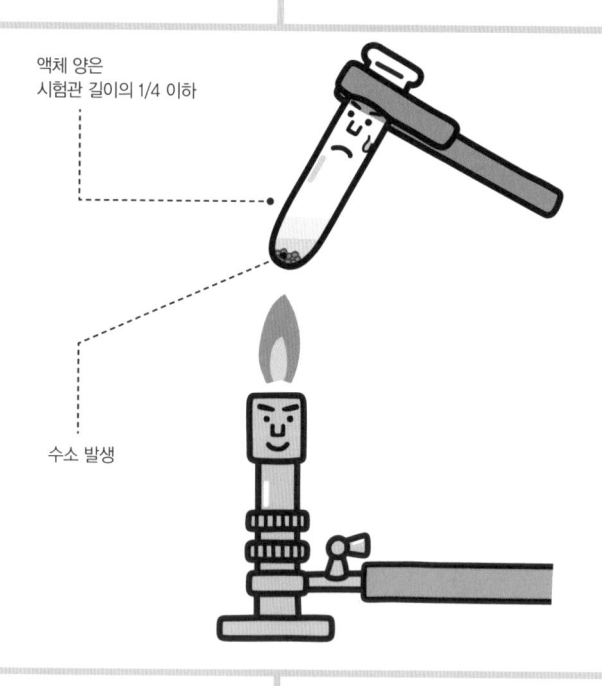

수소 발생

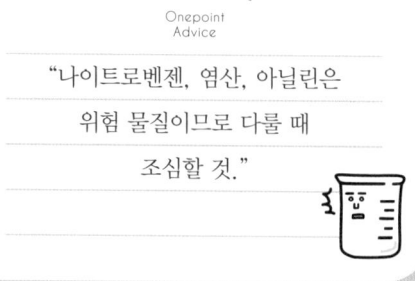

마니아 지수

가격

잘
깨지는
지수

아닐린 블랙이
새까만 지수

아닐린이
유리될 때
기쁜 지수

조언 한 마디

Onepoint
Advice

"나이트로벤젠, 염산, 아닐린은

위험 물질이므로 다룰 때

조심할 것."

{ 아닐린으로부터 합성되는 물질 }

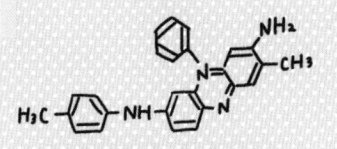

일반

타트라진
(아조 염료)

NaO₃S ─ N=N ─ COONa / OH / SO₃Na

공업제품 착색과 식품첨가물로 사용된다. 합성착색료. 황색 4호.

모브
(아닐린 염료)

H₃C ─ NH ─ NH₂ / CH₃

1856년 세계 최초로 발견된 합성염료. 퀴닌 합성 과정 중에 우연히 발견되었다. 보라색.

아닐린

메틸 오렌지
(산 · 염기 지시약)

(CH₃)₂N ─ N=N ─ SO₃Na

pH3.1~4.4에서 빨강~주황색으로 변색된다. 적정 정량분석에서 부피 분석을 위해 실시하는 화학분석법에서 산 · 염기 지시약으로 쓰인다.

아세트아닐라이드
(해열 진통제)

NH─C─CH₃ / O

일명 안티페브린. 과거에는 사용되었으나 현재는 사용되지 않는다.

아세트아미노펜
(해열 진통제)

HO ─ NH─C─CH₃ / O

어린이와 성인에게 두루 사용되고 있는 해열 진통제의 한 종류.

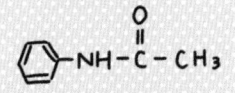

중요한 물질이구나~

아닐린은 염료와 의약품의 중간물질로 빠질 수 없는 화합물이야.

측정하는 실험

통제된 환경에서 크고 작은 변화를 일으키는 것이 실험입니다. 아무 변화도 일어나지 않는다면 실패한 실험이며, 변화가 일어나도 이를 제대로 잡아내지 못한다면 그 또한 실패한 실험이라 할 수 있습니다.

다음 장의 주제는 실험에서 일어나는 변화를 제대로 측정하여 그 결과를 고찰하는 '측정하는 실험'입니다. 겉보기에 변화가 거의 없어보여도 질량이나 온도 등을 제대로 측정하면 변화를 감지해낼 수 있습니다. 폭발이나 색 변화처럼 화려함은 없지만, 과학 세계를 개척하는 중요한 열쇠가 된 실험들이 있습니다.

18세기 프랑스 과학자인 라부아지에가 1774년에 발견한 '질량보존의 법칙'이 그 예입니다. '화학 반응의 전후에서 반응물질의 전 질량과 생성물질의 전 질량은 같다'는 법칙입니다. 라부아지에는 이를 매우 정밀한 실험과 계측으로 증명했습니다. 세계 최초로 연소가 산소와의 결합이라는 사실을 설명하고, 그밖에도 여러 큰 업적을 남겨 '근대화학의 아버지'라 불리고 있죠. 사실 더 대단한 것은 그의 부인 마리 앤입니다. 그녀가 화학과 그림을 배워 실험을 상세히 기록한 덕분에 그의 놀라운 성과를 후세에 남길 수 있었으니까요.

또 하나 소개하고 싶은 측정하는 실험은 1887년 미국의 물리학자인 앨버트 마이컬슨과 에드워드 몰리가 시행한 일명 '마이컬슨-몰리 실험'입니다. 대략 우주 공간에서의 지구의 운동속도와 빛의 속도(광속)의 비를 '지구상에서' 구하는 실험입니다. 하지만 광속은 우주 최고속도이므로 실험 가능한 거리로 검출해내기 위해선 매우 고도의 정밀 계측이 필요합니다. 실험은 실패로 끝났지만 이후 이뤄진 논의들에 따라 중력 연구와 상대성이론에 큰 영향을 미치면서 시공간에 대한 개념까지 변화시켰습니다. 역시 측정하는 실험은 비록 눈에 띄지는 않지만 위대한 것 같습니다.

CHAPTER

3

측정하는 실험

실험 순서는 이해했지?

응...

연소되니 완전 할아버지가 됐네!!

연소 후에 무게가 변하는 건 산화반응이 일어났기 때문이라네.

철 + 산소 → 산화철

즉 산소가 철에 붙은 거라네.

그렇구나...

참고로 산화철은 여러 분야에서 활약하고 있다네.

도료

화장품 착색 안료

다이아몬드 연마제

그래서 연소하면 할수록 무거워진다네.

연소 전 / 연소 후 / 가벼움 / 무거움

그만큼 더 많은 산소가 붙어서 그렇구나.

성장이 너무 빨라!!

그건 방금 전까지고. 이젠 연소 후 스틸울 할아버지라고 부르게나.

근데... 스틸울 군이라고 불러도 되는 거지?

비커 군의 메모

▶ 철은 연소하면 무거워져.

질량변화 계측실험에 대한 쓸쓸한 추억이 있습니다. 철가루 1g을 충분히 산화시키면 몇 g이 되는가를 알아보는 과제였어요. 맨 처음 1g을 측량하기가 너무 어려웠어요. 몇 번을 반복해도 딱 1g이 안 되는 거예요. 능력의 한계를 느끼면서도 한편으론 '중력이 자꾸 변해서 그래'라는 말도 안 되는 변명으로 스스로를 위로하기도 했죠. 그런데 나중에 알고 보니 철가루 양은 대충 측정하고 실험이 끝난 뒤 나눗셈을 하면 바로 해결되는 아주 간단한 문제였습니다.

스틸울 연소실험

실험 목적

• 연소 전후의 스틸울 질량을 비교하여 산화 반응을 이해한다.

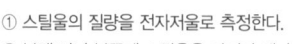

① 스틸울의 질량을 전자저울로 측정한다.
② 분젠 버너 불꽃에 스틸울을 가져다 댄다.
③ 확실하게 연소시킨다.
④ 연소 후 질량을 측정하여 질량의 변화를 확인한다.

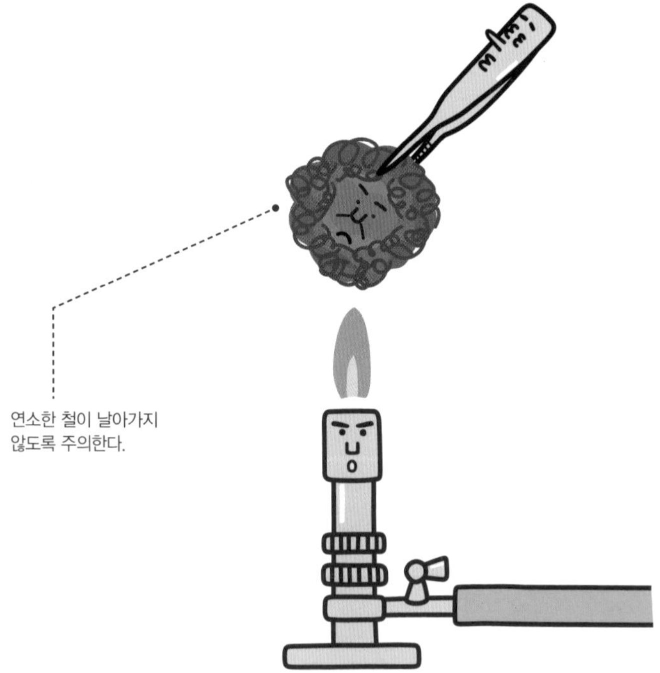

연소한 철이 날아가지
않도록 주의한다.

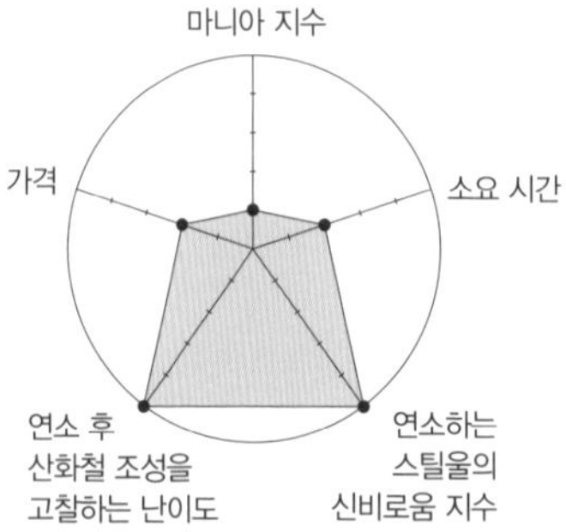

마니아 지수

가격

소요 시간

연소 후
산화철 조성을
고찰하는 난이도

연소하는
스틸울의
신비로움 지수

조언 한 마디

Onepoint
Advice

"후~후~ 불면 연소의

진행 속도가 빨라진다.

단, 분젠 버너에서

떨어진 곳에서 불어야 한다."

연소 중 스틸울 아저씨

정식 명칭	스틸울 (steel wool)
특기	연소반응
캐릭터 특징	한창 불타고 있는 중년 아저씨

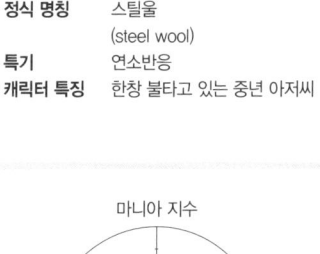

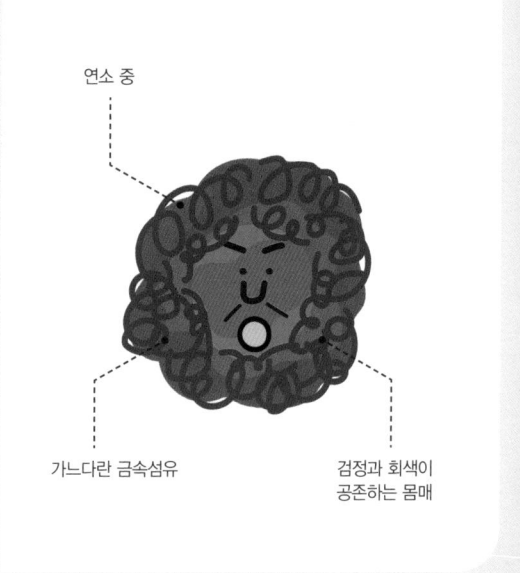

연소 중

가느다란 금속섬유

검정과 회색이 공존하는 몸매

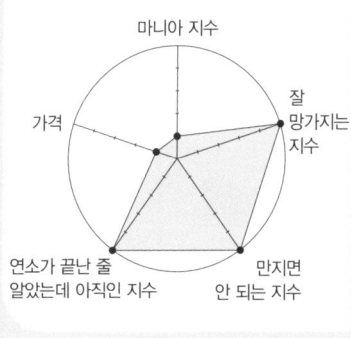

마니아 지수

잘 망가지는 지수

가격

연소가 끝난 줄 알았는데 아직인 지수

만지면 안 되는 지수

{ 생활 속의 산화반응 }

머리 염색이랑 파마도 산화반응이네.

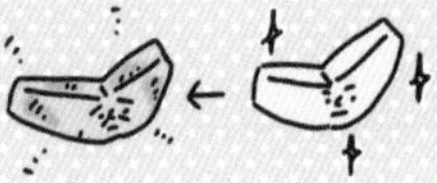

주변에 꽤 많이 있구나.

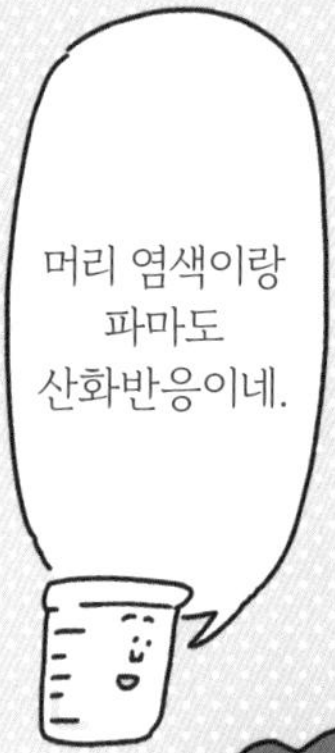

사과의 변색
사과에 함유된 폴리페놀의 산화가 원인

녹
금속이 산소나 수분과 반응하면서 생성한다.

파마
모발 속 결합을 끊은 다음 산화로부터 재결합시킨다.

머리 염색
염료가 모발에 침투해 산화되면서 발색한다.

핫팩
철가루가 산화될 때 열이 나는 현상을 이용한다.

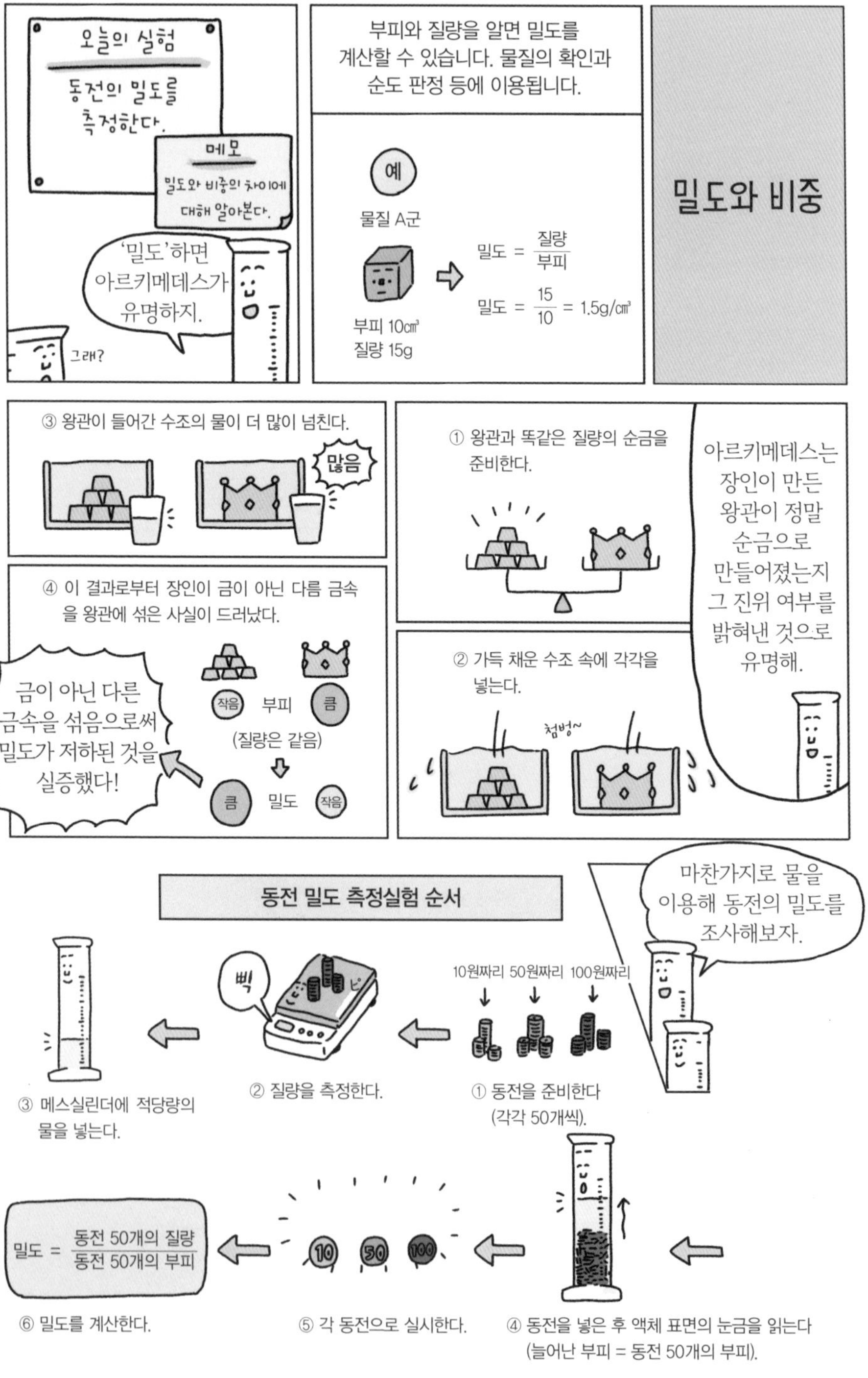

부피와 질량을 알면 밀도를 계산할 수 있습니다. 물질의 확인과 순도 판정 등에 이용됩니다.

예

물질 A군

부피 10cm³
질량 15g

$$밀도 = \frac{질량}{부피}$$

$$밀도 = \frac{15}{10} = 1.5g/cm³$$

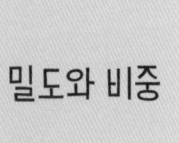

밀도와 비중

③ 왕관이 들어간 수조의 물이 더 많이 넘친다.

많음

④ 이 결과로부터 장인이 금이 아닌 다른 금속을 왕관에 섞은 사실이 드러났다.

금이 아닌 다른 금속을 섞음으로써 밀도가 저하된 것을 실증했다!

작음 부피 큼

(질량은 같음)

큼 밀도 작음

① 왕관과 똑같은 질량의 순금을 준비한다.

② 가득 채운 수조 속에 각각을 넣는다.

첨벙~

아르키메데스는 장인이 만든 왕관이 정말 순금으로 만들어졌는지 그 진위 여부를 밝혀낸 것으로 유명해.

동전 밀도 측정실험 순서

마찬가지로 물을 이용해 동전의 밀도를 조사해보자.

삐

10원짜리 50원짜리 100원짜리

② 질량을 측정한다.

① 동전을 준비한다 (각각 50개씩).

③ 메스실린더에 적당량의 물을 넣는다.

$$밀도 = \frac{동전\ 50개의\ 질량}{동전\ 50개의\ 부피}$$

⑥ 밀도를 계산한다.

⑤ 각 동전으로 실시한다.

④ 동전을 넣은 후 액체 표면의 눈금을 읽는다 (늘어난 부피 = 동전 50개의 부피).

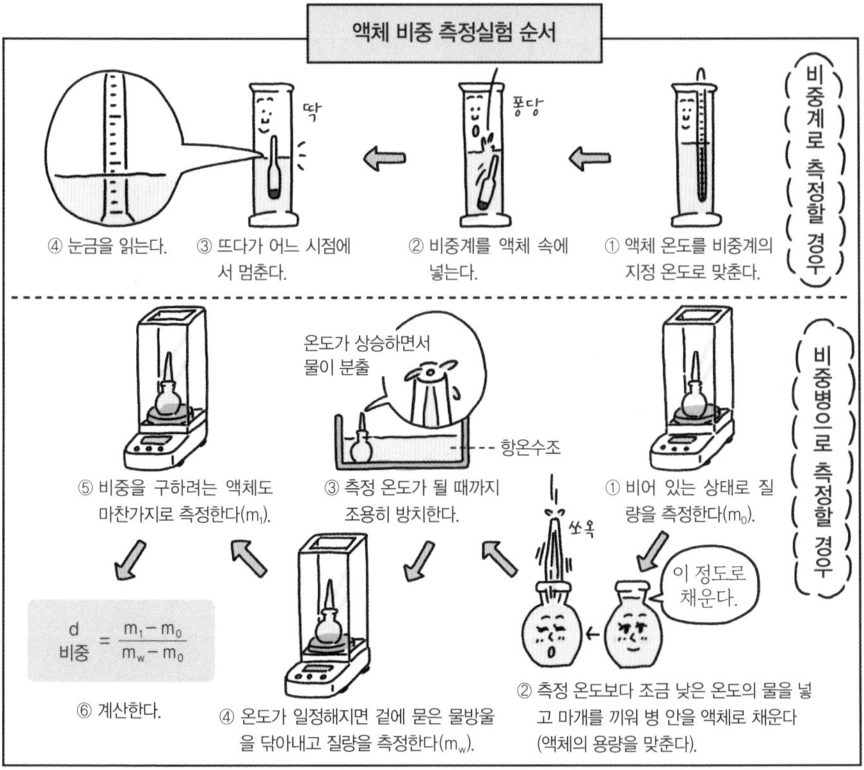

액체 비중 측정실험 순서

비중계로 측정할 경우

④ 눈금을 읽는다.

③ 뜨다가 어느 시점에서 멈춘다.

② 비중계를 액체 속에 넣는다.

① 액체 온도를 비중계의 지정 온도로 맞춘다.

온도가 상승하면서 물이 분출

항온수조

⑤ 비중을 구하려는 액체도 마찬가지로 측정한다(m_1).

③ 측정 온도가 될 때까지 조용히 방치한다.

① 비어 있는 상태로 질량을 측정한다(m_0).

쏘옥

이 정도로 채운다.

$$d_{비중} = \frac{m_1 - m_0}{m_w - m_0}$$

⑥ 계산한다.

④ 온도가 일정해지면 겉에 묻은 물방울을 닦아내고 질량을 측정한다(m_w).

② 측정 온도보다 조금 낮은 온도의 물을 넣고 마개를 끼워 병 안의 액체로 채운다 (액체의 용량을 맞춘다).

비중병으로 측정할 경우

…

무슨 말 좀 해봐!!

나, 너무 사랑스럽지 않니?

그치?

ㅎㅎㅎ

와~ 마개 구멍이 액체 분출구가 되다니 정말 놀라운데?

멋있다~

비커 군의 메모

▶ 비중은 밀도를 비교한 거야.

퀴즈입니다. 철 1kg과 탈지면 1kg 중 어느 것이 더 무거울까요? "탈지면은 가벼우니까 철이 더 무거워!"라고 성급하게 대답했다가는 "둘 다 1kg인데 똑같지!"라고 놀림당하기 십상입니다. 하지만 "어느쪽 질량이 더 클까요?"라는 질문이라면 '탈지면'이 정답입니다. 밀도가 작고 부피가 큰 탈지면은 공기로부터 철보다 큰 부력을 받습니다 (가벼워진다). 따라서 무게가 똑같이 1kg이면 질량은 탈지면 쪽이 크다, 라는 계산이 나옵니다.

동전 밀도 측정실험

실험 목적

• 동전의 밀도를 구한다.

실험 순서

① 동전을 준비한다.
② 각각 질량을 측정한다.
③ 메스실린더에 물을 적당히 넣는다.
④ ③에다 동전을 넣고 눈금을 읽는다.
⑤ 모든 종류의 동전에 실시한다.
⑥ 밀도를 계산한다.

정면에서 액체의 가장
아랫부분(메니스커스)을
수평으로 읽는다.

기포가 생기지 않게
동전을 넣는다.

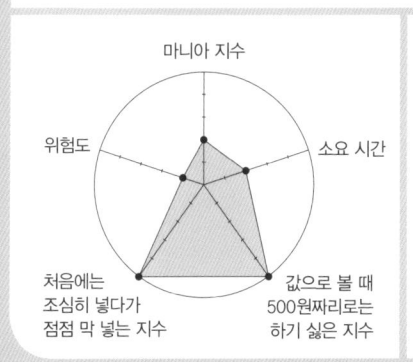

마니아 지수

위험도

소요 시간

처음에는
조심히 넣다가
점점 막 넣는 지수

값으로 볼 때
500원짜리로는
하기 싫은 지수

조언 한 마디

Onepoint Advice

"동전 개수가 적으면
정확도가 떨어진다."

액체 비중 측정실험

실험 목적

- 비중병으로 액체 비중을 측정한다.

① 비어 있는 상태로 질량을 측정한다.
② 물을 넣고 마개를 끼운다.
③ 일정 온도가 될 때까지 항온수조에 넣는다.
④ 겉에 묻은 물을 닦아내고 질량을 측정한다.
⑤ 비중을 구하려는 액체도 마찬가지로 실시하고 계산한다.

온도는 일정

비중병에 묻은 물방울은 모두 닦아낸다.

마니아 지수

소요 시간

위험도

구멍이 물을 뿜을 때의 유쾌 지수

항온수조 안에서 쓰러질까 불안한 지수

조언 한 마디

Onepoint
Advice

"비중은 온도에 따라 변하므로
온도 설정을 잘해야 한다."

비중계 군

정식 명칭 비중계, 부표
(hydrometer)
특기 액체의 비중 측정하기
캐릭터 특징 측정 범위가 서로 다른 열아홉
형제 중 하나

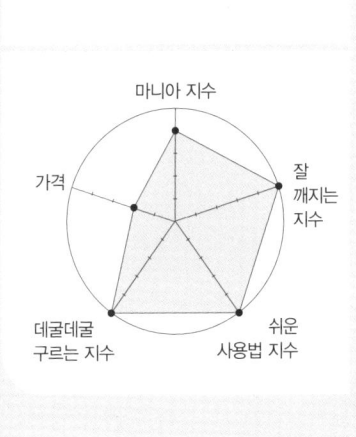

마니아 지수
잘
깨지는
지수
쉬운
사용법 지수
데굴데굴
구르는 지수
가격

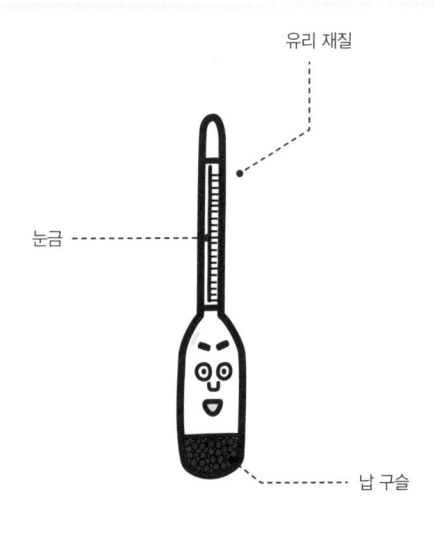

유리 재질

눈금

납 구슬

비중병 양

정식 명칭 게이뤼삭 비중병
(Gay–Lussac pycnometer)
특기 액체의 비중 측정하기
캐릭터 특징 용량이 다른 네 자매 중 하나

마니아 지수
잘
깨지는
지수
가격
세척 난이도
마개가 꼭
필요한 지수

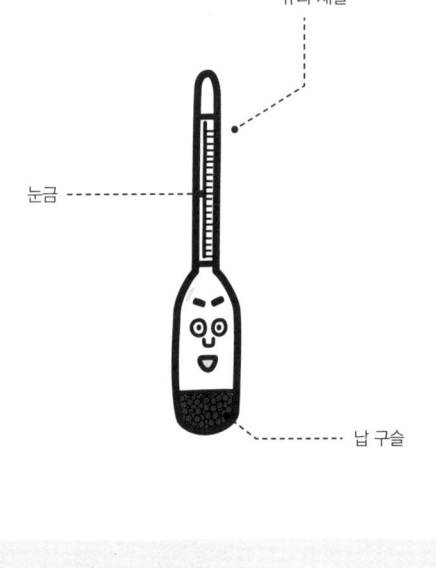

끝에 구멍이
뚫려 있다.

속이 비어 있는
마개

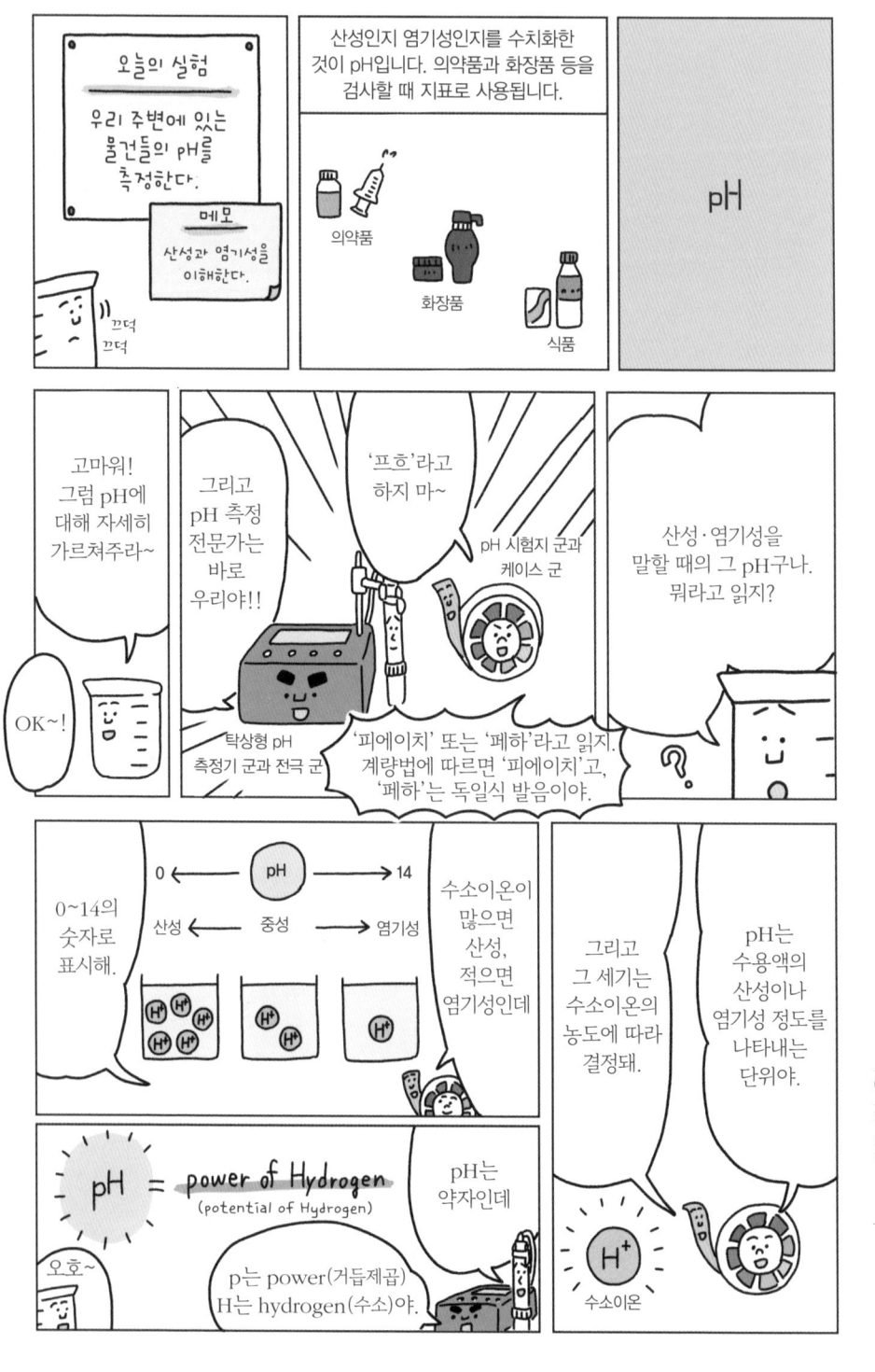

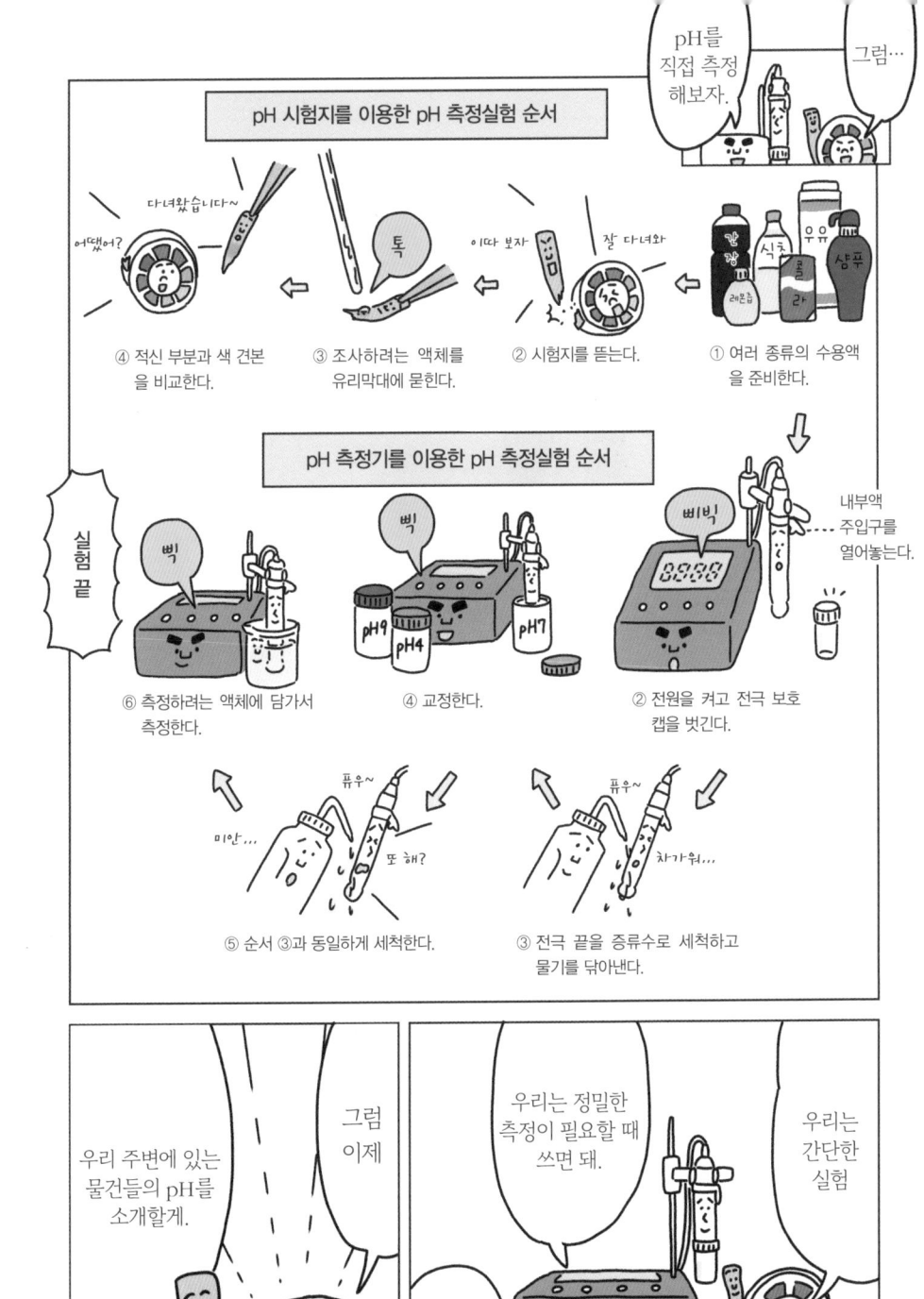

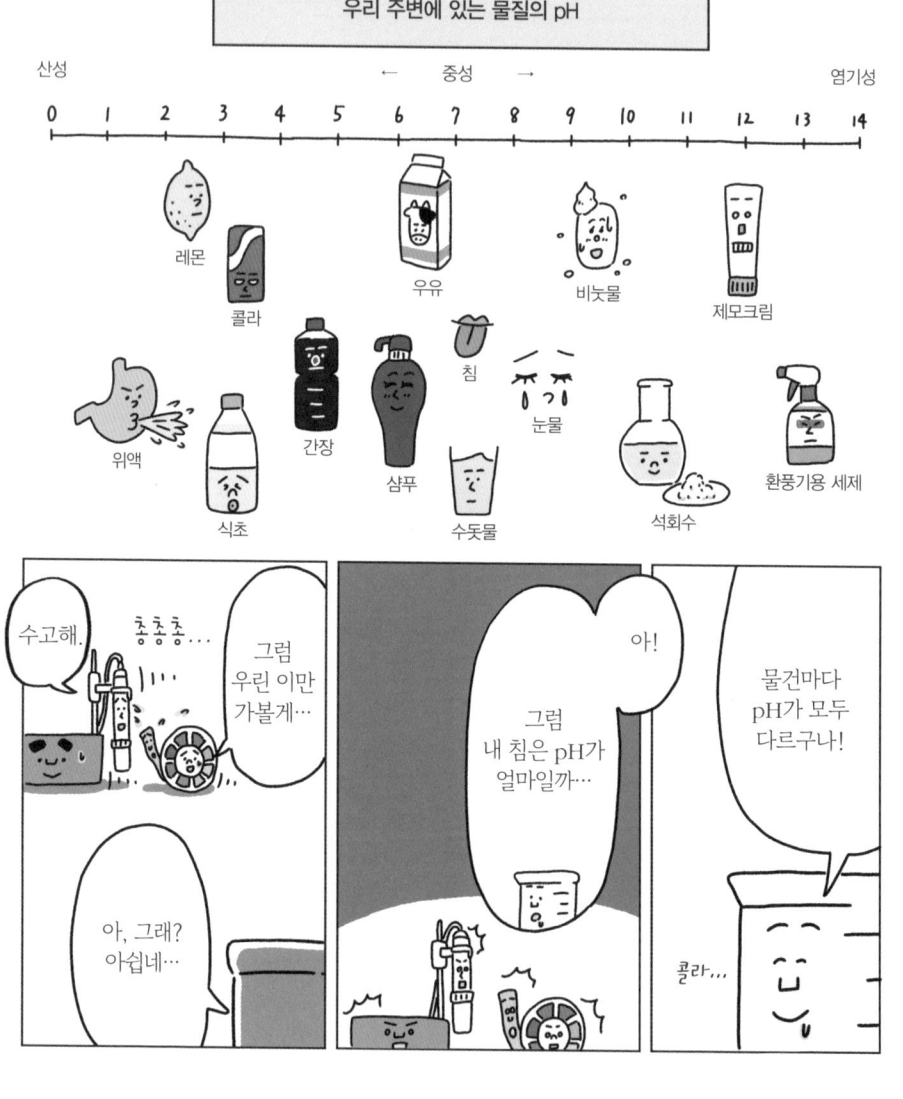

비커 군의 메모

▶ pH는 수소이온의 양과 관련이 있어.

여담이지만 저는 pH 시험지 군과 케이스 군을 참 좋아합니다. 이유는 단순합니다. 컬러풀하고 색이 정말 예쁘기 때문이죠. 게다가 측정 범위에 따라 종류도 다양하고 색 변화 범위도 정말 다채롭거든요. 그래서 나도 모르게 수집하기 시작했습니다. 단, 시험지 군에는 사용기한이 있어서 오래된 것은 색 변화가 잘 일어나지 않고, 라벨에 인쇄된 색 견본도 몇 년이 지나면 색이 바래버립니다. 제 책상 서랍은 이미 쓸모없는 쓰레기가 되어버린 그들로 꽉 차 있답니다….

pH 시험지를 이용한 pH 측정실험

실험 목적

• pH 시험지로 각종 수용액의 pH를 측정한다.

실험 순서

① 각종 수용액을 준비한다.
② 시험지를 뜯는다.
③ 유리막대로 조사하려는 액체를 시험지에 묻힌다.
④ 적신 부분과 색 견본을 비교한다.

색 견본 ·······

유리막대로
액체를 묻힌다.

손으로 만지지 않는다.

마니아 지수

위험도

소요 시간

pH 시험지를
얼마나 뜯을지
고민하는 지수

액체가 안 묻은
부분이 아까운 지수

조언 한 마디
Onepoint
Advice

"액체를 묻히고

바로 색 견본과 비교할 것

(시간이 지나면 변색된다)."

pH 측정기를 이용한 pH 측정실험

실험 목적

• pH 측정기로 여러 종류의 수용액 pH를 측정한다.

① 여러 종류의 수용액을 준비한다.
② 전원을 켜고 보호 캡을 벗긴다.
③ 전극을 증류수로 세척하고 닦아낸다.
④ 교정한다.
⑤ 측정하려는 액체에 전극을 꽂고 측정한다.

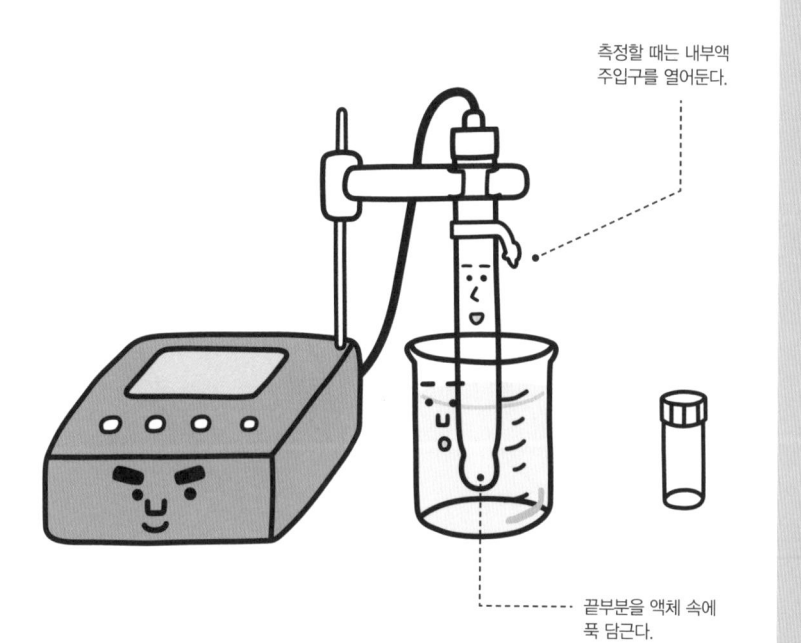

측정할 때는 내부액
주입구를 열어둔다.

끝부분을 액체 속에
푹 담근다.

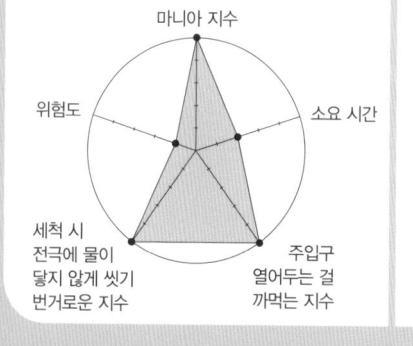

마니아 지수

위험도

소요 시간

세척 시
전극에 물이
닿지 않게 씻기
번거로운 지수

주입구
열어두는 걸
까먹는 지수

조언 한 마디
Onepoint
Advice

"전극 부분은 파손되기

쉬우므로 조심할 것."

탁상형 pH 측정기 군과 전극 군

정식 명칭	pH 측정기, pH 미터 (pH meter)
특기	pH 측정하기
캐릭터 특징	빈틈없는 pH 측정기 군과 섬세한 전극 군으로 구성된 콤비

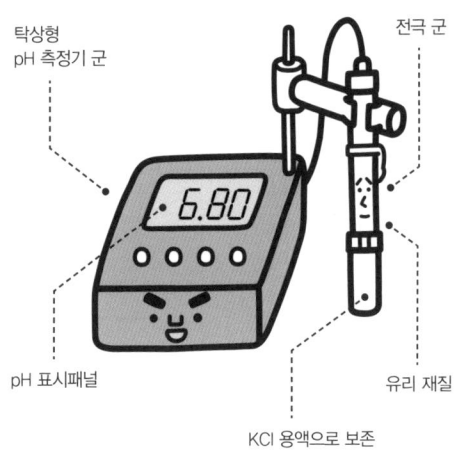

탁상형
pH 측정기 군

전극 군

pH 표시패널

유리 재질

KCI 용액으로 보존

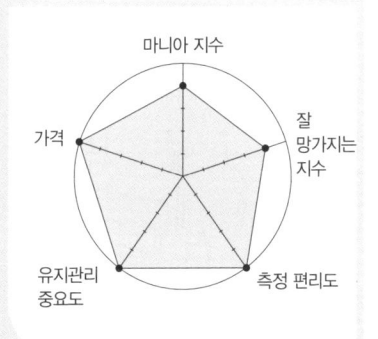

마니아 지수

잘
망가지는
지수

가격

측정 편리도

유지관리
중요도

{ 우리 주변의 pH 변화 }

산성비

황산화물과 질소산화물 등이 구름에 들어가면 pH가 낮은 비가 된다.

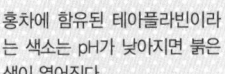

레몬

홍차의 변색 현상

홍차에 함유된 테아플라빈이라는 색소는 pH가 낮아지면 붉은색이 옅어진다.

쓱쓱~

유색 딱풀

pH가 낮아지면 투명해지는 색소 성분이 배합되어 있다. 종이에 바르면 공기 속 이산화 탄소와 반응하여 pH가 낮아지면서 투명해진다.

머리염색은
산화반응뿐만 아니라
pH와도 관련이 있네.

머리염색

염기성일 때 색소 성분이 쉽게 모발로 침투한다.

쪽염색

쪽 색소 성분은 염기성에서 물에 녹으므로 pH를 높여 염기성 수용액을 만들어 염색한다.

비커 군의 메모

▶ pH 측정기 군이라면
한방에 끝나지.

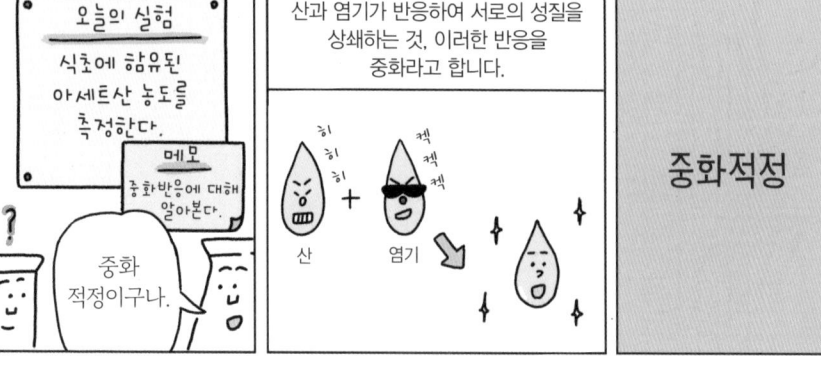

오늘의 실험

식초에 함유된 아세트산 농도를 측정한다.

메모
중화반응에 대해 알아본다.

?

중화적정이구나.

산과 염기가 반응하여 서로의 성질을 상쇄하는 것, 이러한 반응을 중화라고 합니다.

히 히 히

켁 켁 켁

산 + 염기

중화적정

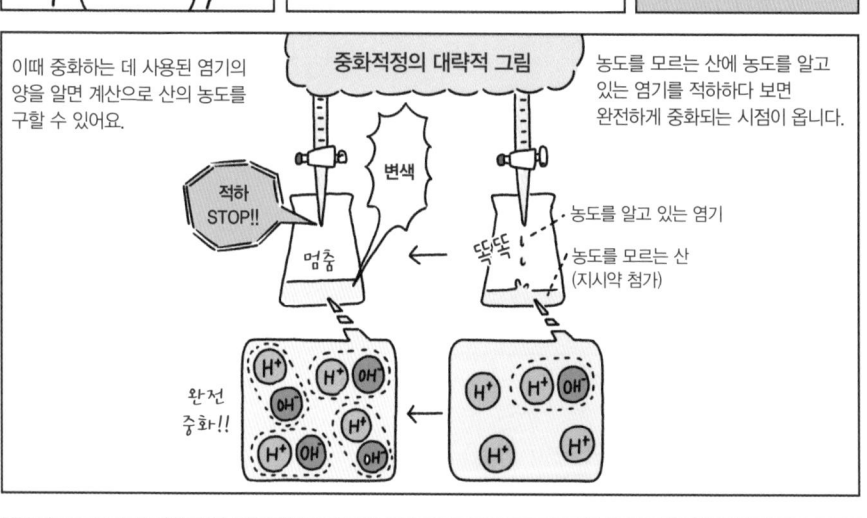

이때 중화하는 데 사용된 염기의 양을 알면 계산으로 산의 농도를 구할 수 있어요.

중화적정의 대략적 그림

변색

적하 STOP!!

멈춤

뚝뚝

농도를 모르는 산에 농도를 알고 있는 염기를 적하하다 보면 완전하게 중화되는 시점이 옵니다.

농도를 알고 있는 염기

농도를 모르는 산 (지시약 첨가)

완전 중화!!

중화적정 팀

이 친구들이야!!

뷰렛 군

메스플라스크 양

홀 피펫 군

피펫 필러 군

깔때기 양

유리 마개 군

그럼 실험을 시작하자.

그래~

그렇구나~

이러한 일련의 과정을 중화적정이라고 해.

그리고 이 실험을

가능하게 하는 이들이 바로…

* 산염기 지시약의 변색이 관측되는 pH 범위

비커 군의 메모

▶ 중화적정에서는 pH 지시약이 중요해.

위험할 것이 하나도 없는데 괜히 두근거리는 화학실험 중 으뜸은 뭐니 뭐니 해도 중화적정입니다. 늠름한 뷰렛 군의 자태와 귀여운 코니컬 비커 군의 모습 뒤에 숨은, "한 방울만, 이제 반 방울만, 1/4 방울만…" 하면서 이어지는 아슬아슬한 긴장감은 중화적정에서만 느낄 수 있는 스릴입니다. 지나치게 적하해서 페놀프탈레인이 새빨개지는 순간 밀려오는 허탈감 또한 이루 말할 수 없죠(처음부터 다시 해야 하니까요). 하지만 그만큼 성공했을 때의 기쁨도 각별합니다.

pH 지시약 3인방

정식 명칭	pH 지시약 (pH indicator)
특기	pH 변화 나타내기
캐릭터 특징	수많은 지시약들 중에서 가장 많이 쓰이는 인기 트리오

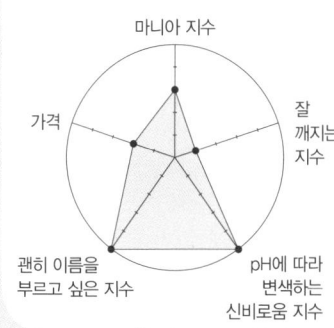

마니아 지수

잘 깨지는 지수

가격

pH에 따라 변색하는 신비로운 지수

괜히 이름을 부르고 싶은 지수

메틸 오렌지

BTB용액

페놀프탈레인

갈색 유리병

{ 지시약이 나타내는 색깔과 pH의 관계 }

메틸 오렌지

 pH2　 pH3　 pH4　 pH5　 pH6

색깔이 다양하게 변하네~

BTB용액

pH5　pH6　pH7　pH8　pH9

페놀프탈레인

pH7　pH8　pH9　pH10　pH11

식초 속 아세트산 농도 측정실험

실험 목적

- 중화적정으로 농도를 모르는 아세트산의 농도를 구한다.

실험 순서

① NaOH 수용액을 뷰렛 끝부분까지 채운다.
② 식초를 희석한 수용액을 일정량 취하여 페놀프탈레인을 첨가한다.
③ 장치를 세팅하고 적정을 시작한다.
④ 옅은 색을 띠기 시작하면 적정을 끝낸다.
⑤ 적하량을 산출하고 농도를 계산한다.

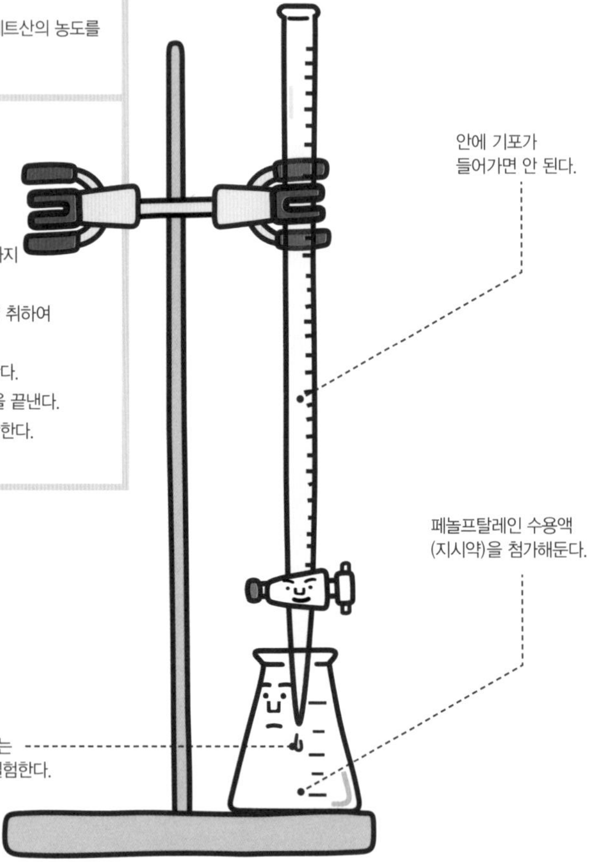

안에 기포가
들어가면 안 된다.

페놀프탈레인 수용액
(지시약)을 첨가해둔다.

중화점 부근에서는
특히 신중하게 실험한다.

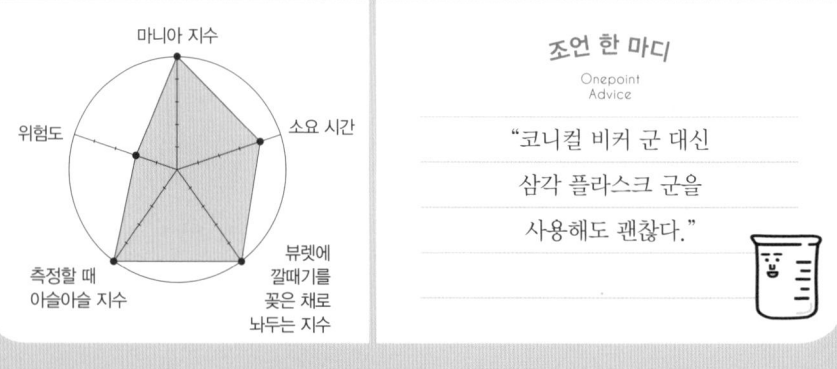

마니아 지수

소요 시간

위험도

측정할 때
아슬아슬 지수

뷰렛에
깔때기를
꽂은 채로
놔두는 지수

조언 한 마디

Onepoint
Advice

"코니컬 비커 군 대신

삼각 플라스크 군을

사용해도 괜찮다."

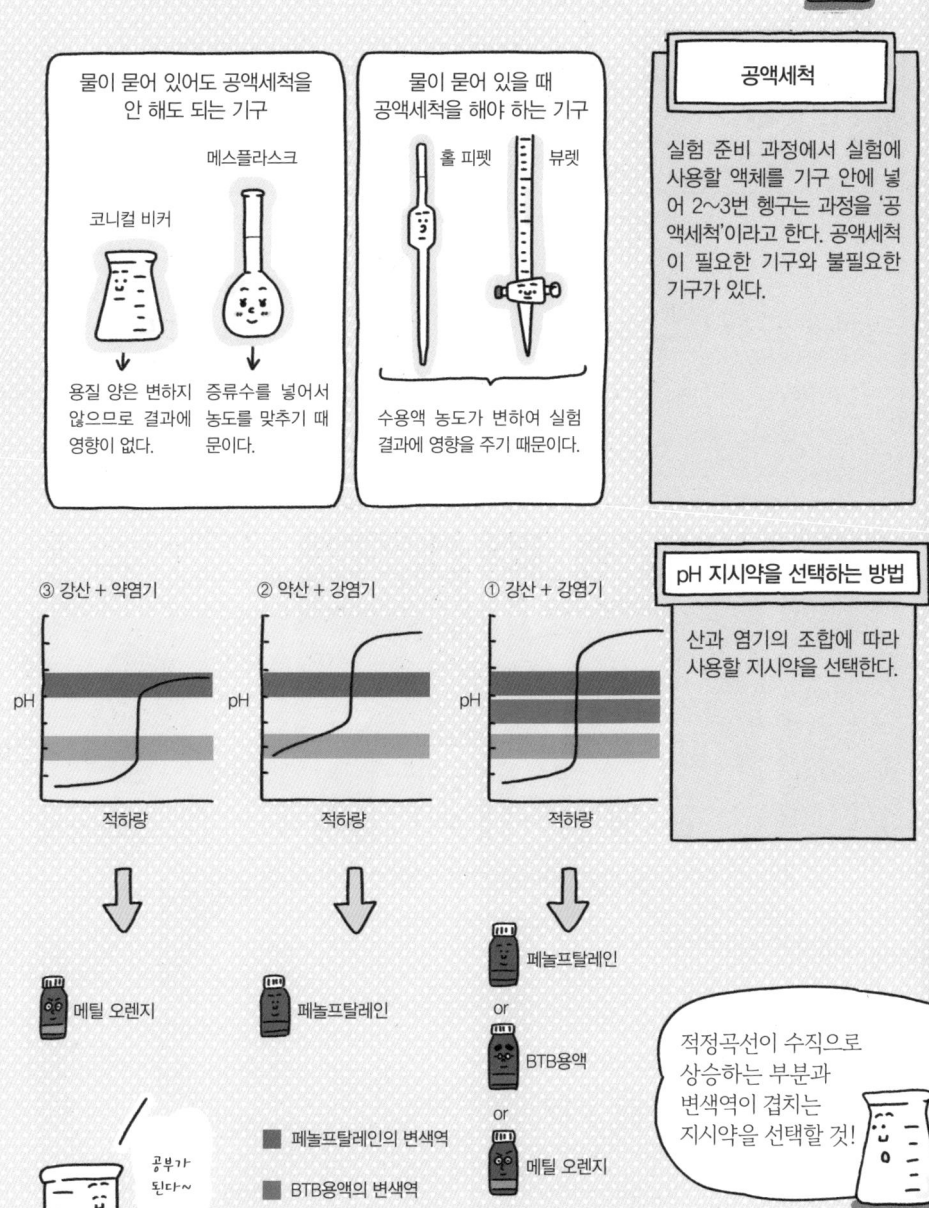

중화적정에
숨은 함정

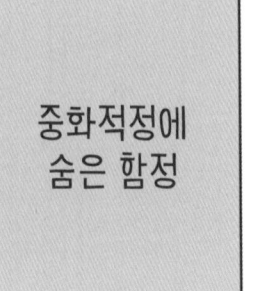

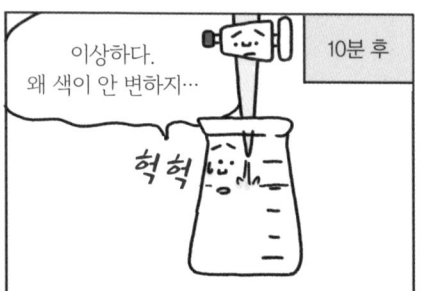

10분 후

이상하다.
왜 색이 안 변하지…

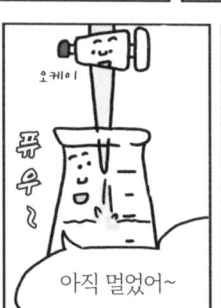

오케이

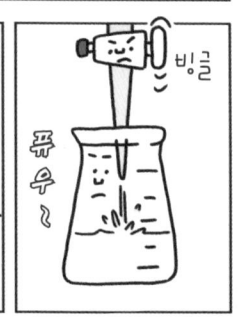

빙글

아직 멀었어~

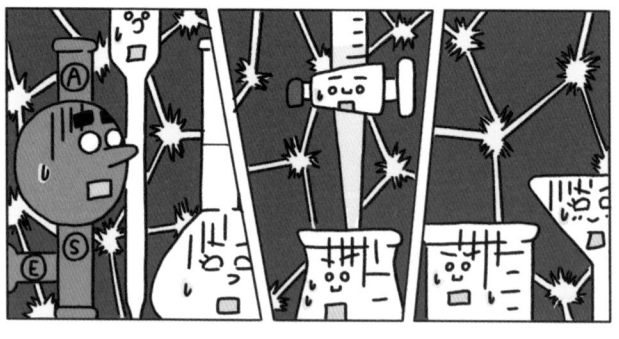

늦어서
미안해~

후다다닥

페놀프탈레인 군

지시약을 안 넣었으니 색이 변할 리가…

잉?
…벌써
시작했어?

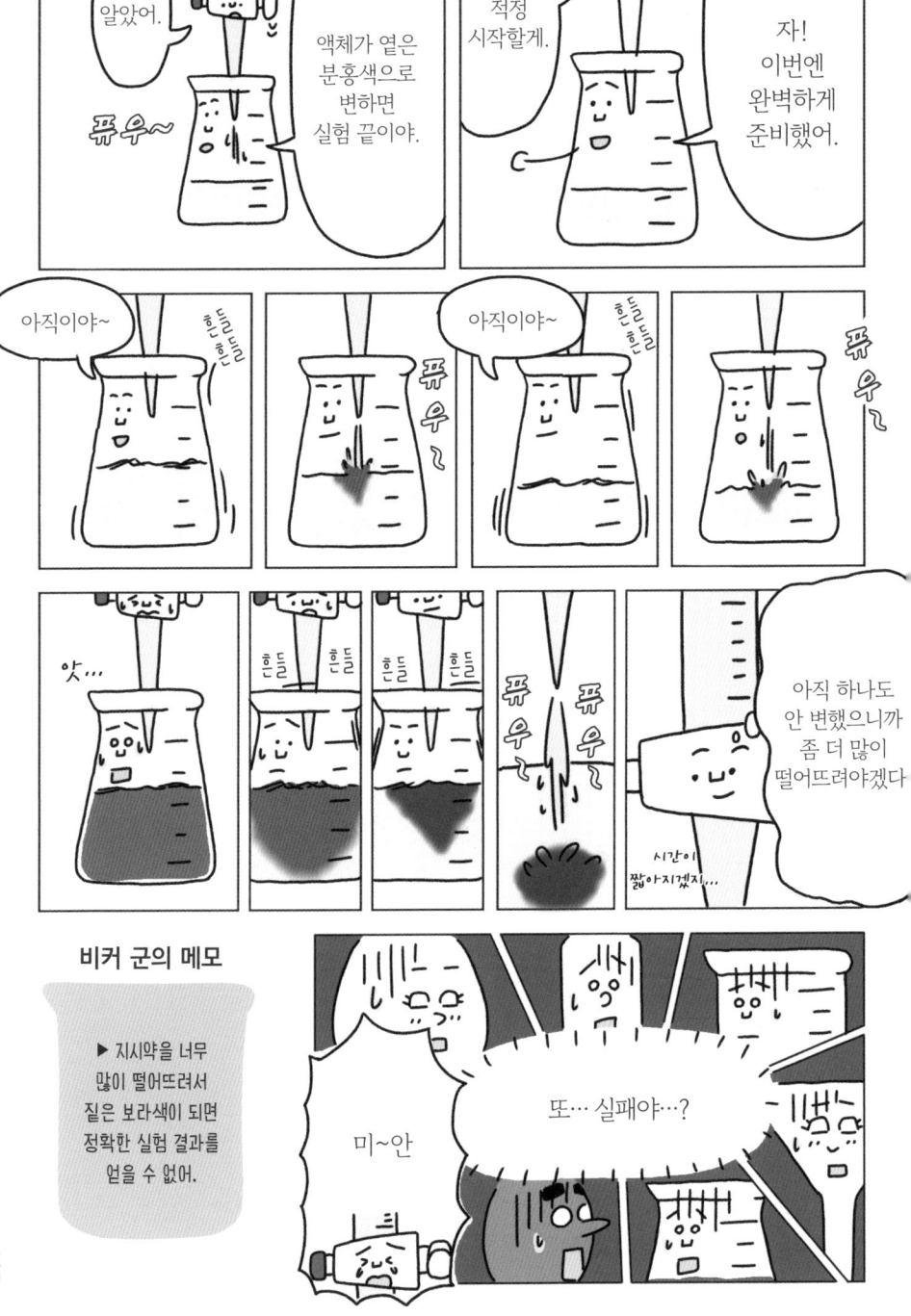

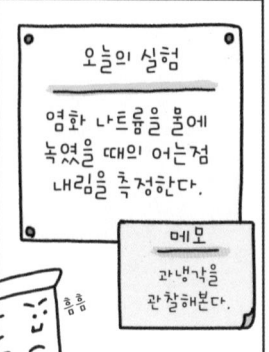

오늘의 실험

염화 나트륨을 물에 녹였을 때의 어는점 내림을 측정한다.

메모
과냉각을 관찰해본다.

흠흠

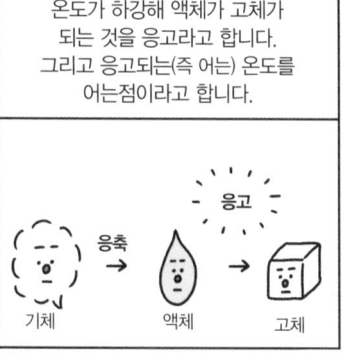

온도가 하강해 액체가 고체가 되는 것을 응고라고 합니다. 그리고 응고되는(즉 어는) 온도를 어는점이라고 합니다.

응축 → 응고

기체 → 액체 → 고체

어는점 내림

횡~

철썩~

예를 들면 바닷물, 정말 추운 북극도 바다는 얼지 않아. 바닷물에 여러 물질이 녹아 있어서 어는점 내림이 일어나기 때문이야.

진짜 그러네~

가능 하단다~!!

평면바닥 시험관 군

어는점은 얼기 시작하는 온도잖아…

그게 내려간다고?

그게 가능해?

얼린 주스는 아니지만…

의외로 주변에 꽤 많은 도움을 주고 있네~

제설제
→ 도로 표면이 얼지 않도록 염화 칼슘 등을 뿌린다.

부동액
→ 자동차 엔진 냉각수로도 사용한다. 겨울에도 얼지 않도록 만들어졌다.

얼린 주스
→ 단맛 부분부터 먼저 녹는다.

그 외에도 어는점 내림은 우리 주변에서 참 많이 볼 수 있어.

실제로 염화 나트륨 수용액으로 실험해보자.

그럼

그렇단다!

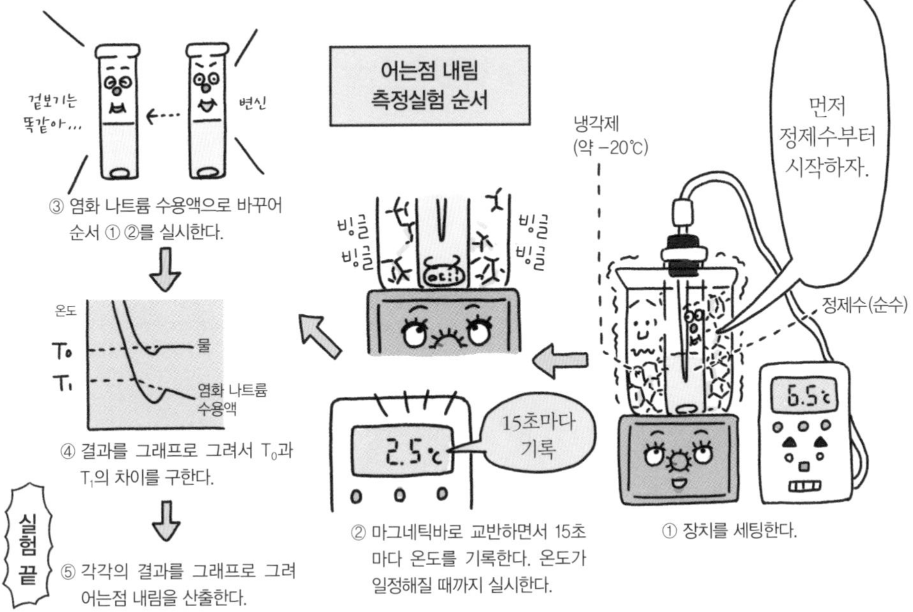

어는점 내림 측정실험 순서

먼저 정제수부터 시작하자.

냉각제 (약 −20℃)

정제수(순수)

6.5℃

① 장치를 세팅한다.

② 마그네틱바로 교반하면서 15초마다 온도를 기록한다. 온도가 일정해질 때까지 실시한다.

2.5℃

15초마다 기록

빙글빙글

③ 염화 나트륨 수용액으로 바꾸어 순서 ① ②를 실시한다.

겉보기는 똑같아...

변신

④ 결과를 그래프로 그려서 T_0과 T_1의 차이를 구한다.

온도
T_0
T_1
물
염화 나트륨 수용액

⑤ 각각의 결과를 그래프로 그려 어는점 내림을 산출한다.

실험 끝

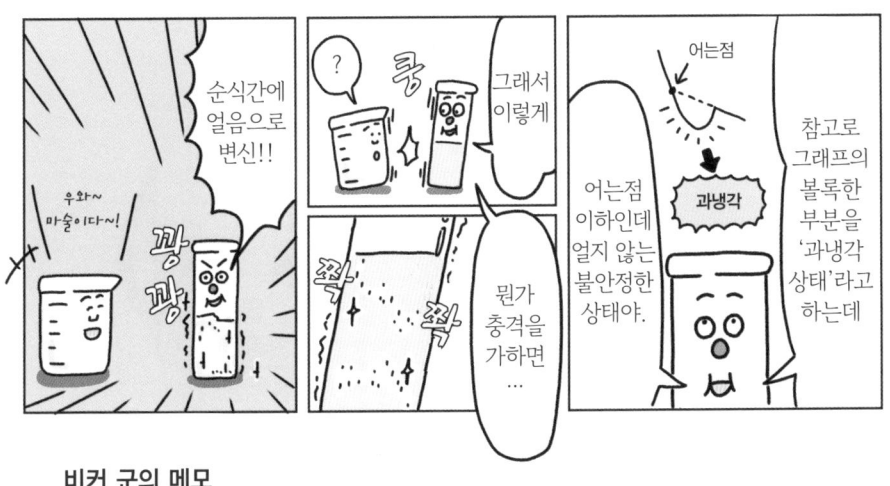

비커 군의 메모

▶ 바닷물이 얼지 않는 건 어는점 내림 때문이야.

물을 영하 4℃까지 조용히 냉각하면 액체 상태이면서 얼지 않는 '과냉각' 상태가 됩니다. 약간의 충격만 가해도 갑자기 얼어버려서 마치 마술처럼 재미있는 실험인데요. 문제는 '어떻게 냉각할 것인가'입니다. 냉동실은 보통 영하 18℃라서 바로 얼어버립니다. 어는점 내림을 이용하려고 물에 소금을 왕창 녹였더니 이번엔 얼지 않더라고요(포화식염수의 어는점은 −22℃)…. 결국 냉각하는 시간을 측정해서 타이머를 걸어놓는 수밖에 없다고 결론을 내렸지요.

어는점 내림 측정실험

실험 목적

• 염화 나트륨을 용해해서 어는점이 얼마나 내려가는지 조사한다.

 **실험 순서**

① 평면바닥 시험관에 증류수를 넣고 장치를 세팅한다.
② 섞으면서 15초마다 온도를 측정한다.
③ 염화 나트륨 수용액으로도 똑같이 실시한다.
④ 그래프를 작성하여 어는점 내림 정도를 구한다.

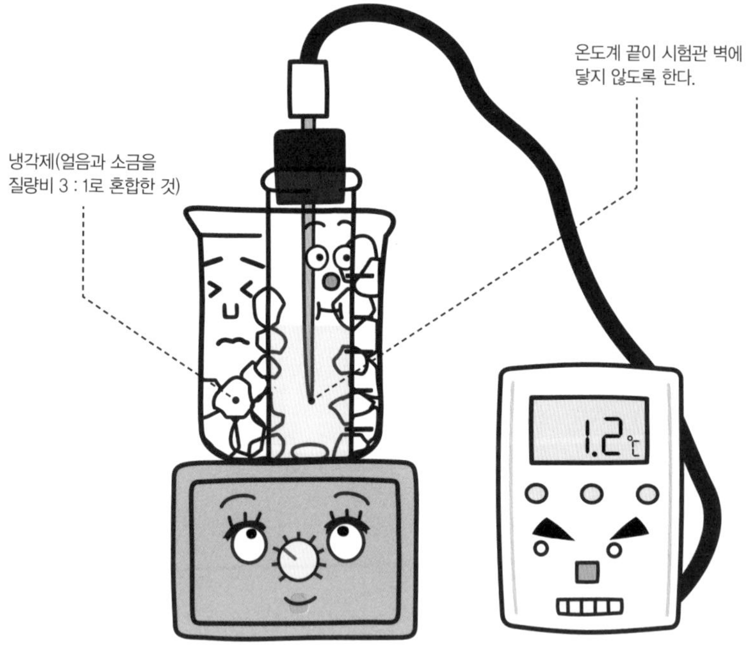

냉각제(얼음과 소금을 질량비 3 : 1로 혼합한 것)

온도계 끝이 시험관 벽에 닿지 않도록 한다.

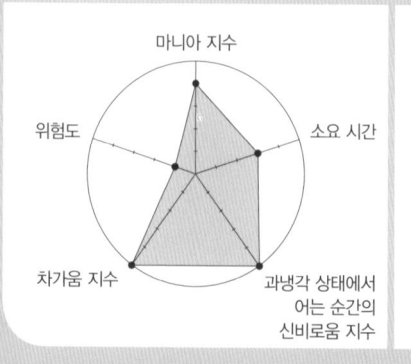

마니아 지수
위험도
소요 시간
차가움 지수
과냉각 상태에서 어는 순간의 신비로움 지수

조언 한 마디

Onepoint
Advice

"작동 중인 마그네틱바도
온도계 끝에 닿지 않도록
조심할 것."

평면바닥 시험관 군

정식 명칭 평면바닥 시험관, 배양용 시험관
(flat-bottom tube, culture tube)
특기 시험관에서 배양하기
캐릭터 특징 시험관 형제와 사촌지간

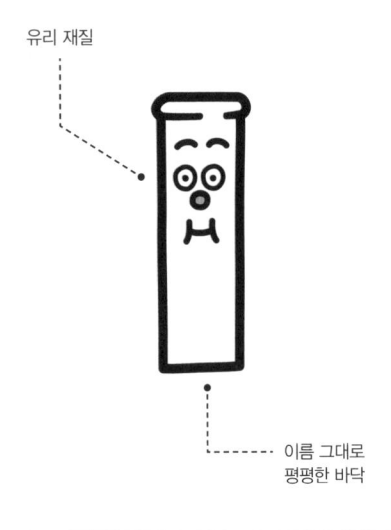

유리 재질

이름 그대로
평평한 바닥

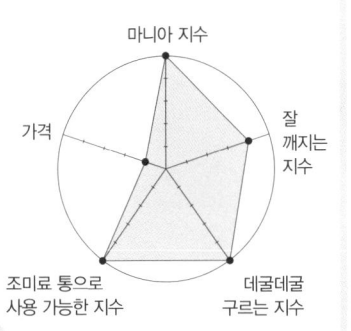

마니아 지수
잘
깨지는
지수
데굴데굴
구르는 지수
조미료 통으로
사용 가능한 지수
가격

소형 자석교반기 양

정식 명칭 소형 자석교반기
(small magnetic stirrer)
특기 자력으로 마그네틱바 회전시
키기
캐릭터 특징 자석교반기의 여동생

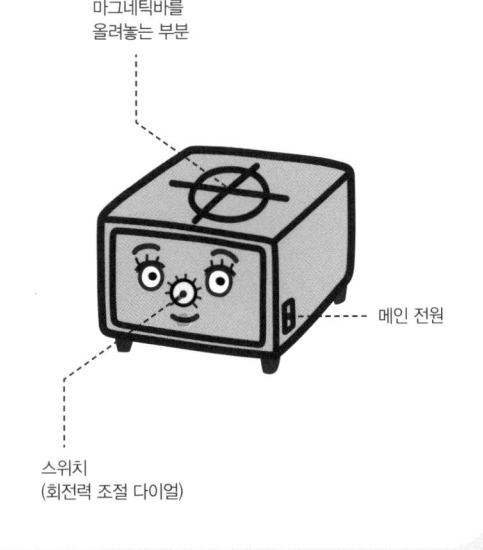

마그네틱바를
올려놓는 부분

메인 전원

스위치
(회전력 조절 다이얼)

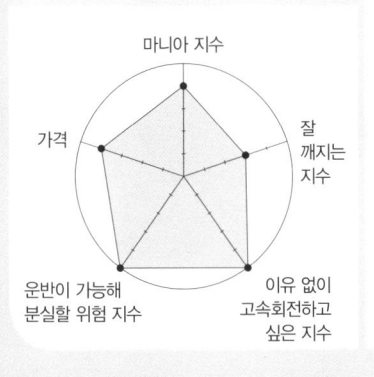

마니아 지수
잘
깨지는
지수
이유 없이
고속회전하고
싶은 지수
운반이 가능해
분실할 위험 지수
가격

관찰하는 실험

4장의 주제는 실험에서 일어나는 변화를 눈으로 보고 이해하는 '관찰하는 실험'입니다. 여기서 소개하는 실험들은 비교적 화려하고 이해하기 쉬운, 실험다운 실험들이에요. 그런데 "계측은 눈금만 읽으면 그만인데 관찰은 왠지 어렵단 말이야"라고 말하는 사람도 있습니다. 물론 관찰 결과를 객관적으로 정확히 잡아내는 데는 요령이 필요하긴 하죠. 단순히 '빛났다' 또는 '색이 변했다'라는 식의 표현은 과학적으로 부족한 면이 있으니까요.

그래서 스케치하기를 추천하고 싶습니다. 잘 그리지 못해도, 만화라도 괜찮으니 일단 그려보는 겁니다. 그림이 어렵다면 실험 중 알게 된 것을 글로 남겨도 됩니다. 그러면 그리려는(또는 쓰려는) 순간만큼은 무의식중에 집중해서 관찰하게 됩니다. 기억 속에 확실히 각인되는 효과가 있습니다.

과학사에는 중요한 '관찰하는 실험'이 여럿 있습니다. 그중 1865년 오스트리아의 멘델(Gregor Mendel)이 보고한 '멘델의 법칙'의 원형이 된 실험이 유명하죠. 15년 동안 줄곧 완두콩을 인공교배하면서 그 종자 형태 등에 나타나는 특징을 관찰하고 분석한 실험입니다. '유전 법칙'이라는 한 단어로 표현되기 쉽지만 사실 그 관찰력과 집중력은 상상을 초월합니다.

관찰과 실험이라고 하면 19세기의 위대한 과학자 마이클 패러데이(Michael Faraday)를 빼놓을 수 없습니다. 패러데이는 전자기학 분야에서 '전자유도의 법칙'을 발견한 것으로 잘 알려져 있는데요. 이뿐만 아니라 벤젠 발견, 염소 수화물 연구, 분젠 버너 개발 등 화학과 환경과학 분야에 이르기까지 매우 다양한 분야에서 업적을 남겼습니다.

CHAPTER

4

관찰하는 실험

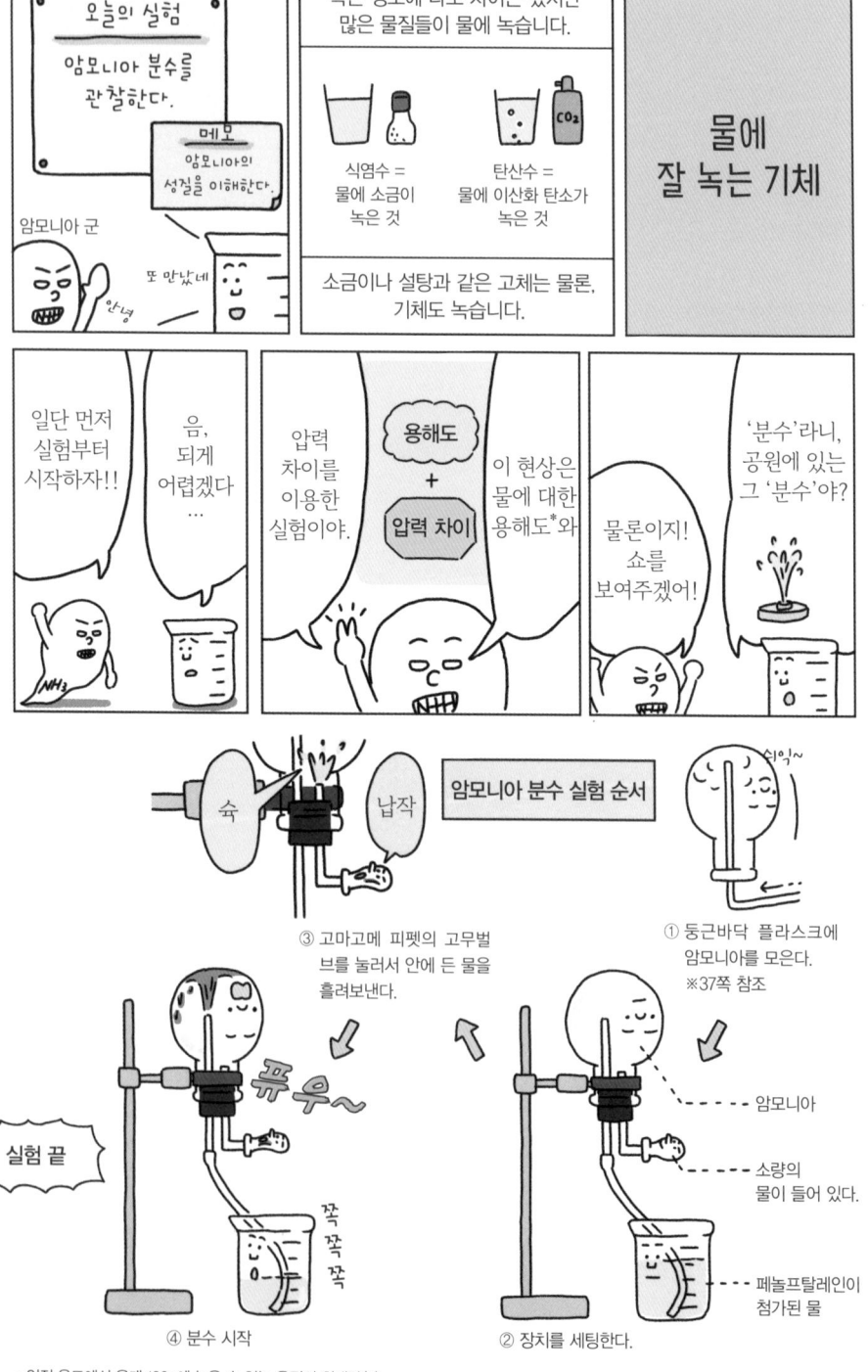

오늘의 실험

암모니아 분수를
관찰한다.

메모
암모니아의
성질을 이해한다.

암모니아 군

또 만났네

안녕

녹는 정도에 다소 차이는 있지만
많은 물질들이 물에 녹습니다.

식염수 =
물에 소금이
녹은 것

탄산수 =
물에 이산화 탄소가
녹은 것

소금이나 설탕과 같은 고체는 물론,
기체도 녹습니다.

물에
잘 녹는 기체

일단 먼저
실험부터
시작하자!!

음,
되게
어렵겠다
…

NH₃

압력
차이를
이용한
실험이야.

용해도
+
압력 차이

이 현상은
물에 대한
용해도*와

물론이지!
쇼를
보여주겠어!

'분수'라니,
공원에 있는
그 '분수'야?

숙

납작

암모니아 분수 실험 순서

식익~

③ 고마고메 피펫의 고무벌
브를 눌러서 안에 든 물을
흘려보낸다.

푸우~

실험 끝

쭉
쭉
쭉

④ 분수 시작

① 둥근바닥 플라스크에
암모니아를 모은다.
※37쪽 참조

암모니아

소량의
물이 들어 있다.

페놀프탈레인이
첨가된 물

② 장치를 세팅한다.

* 일정 온도에서 용매 100g에 녹을 수 있는 용질의 최대량(g)

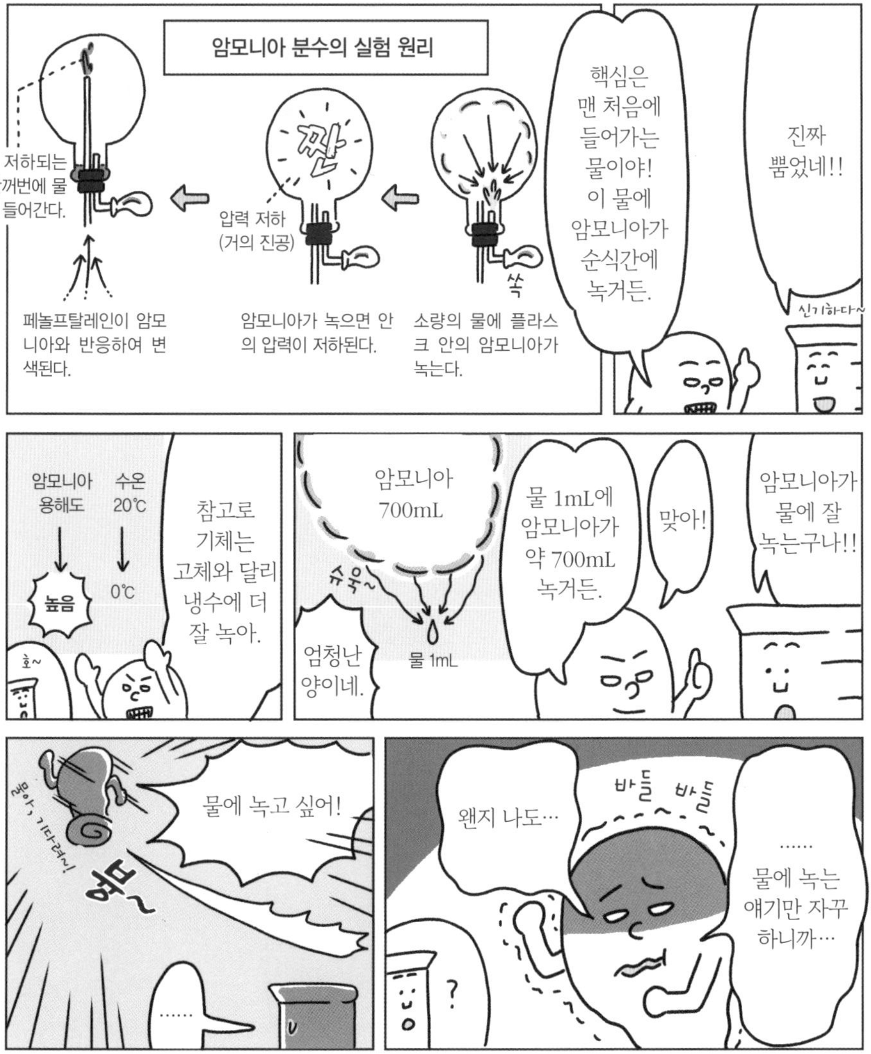

암모니아 분수의 실험 원리

압력이 저하되는 순간, 한꺼번에 물이 흘러 들어간다.

압력 저하 (거의 진공)

페놀프탈레인이 암모니아와 반응하여 변색된다.

암모니아가 녹으면 안의 압력이 저하된다.

소량의 물에 플라스크 안의 암모니아가 녹는다.

핵심은 맨 처음에 들어가는 물이야! 이 물에 암모니아가 순식간에 녹거든.

진짜 뿜었네!!

신기하다~

쑥

암모니아 용해도 / 수온 20℃ → 높음 / 0℃

참고로 기체는 고체와 달리 냉수에 더 잘 녹아.

암모니아 700mL

슈욱~

엄청난 양이네.

물 1mL

물 1mL에 암모니아가 약 700mL 녹거든.

맞아!

암모니아가 물에 잘 녹는구나!!

물에 녹고 싶어!

......

왜지 나도…

바들 바들

…… 물에 녹는 얘기만 자꾸 하니까…

비커 군의 메모

▶ 암모니아는 물에 매우 잘 녹아.

처음으로 암모니아 분수 실험을 봤을 때 정말 충격이었어요. 무색무취의 액체가 플라스크 안으로 분출되는 순간 물에 첨가해둔 페놀프탈레인이 새빨간 핏빛으로 변색! 나도 모르게 소리를 지르고 말았죠. 그때 머릿속에 떠오른 건 구로사와 아키라 감독의 영화 <츠바키 산주로>의 마지막 장면이었는데요. 스포일러 방지를 위해 자세한 야긴 하지 않겠지만, 피 튀기는 장면이 그야말로 암모니아 분수와 똑같았어요. 다만 흑백영화라서 어디까지나 제 상상 속 그림입니다.

암모니아 분수 실험

실험 목적

• 암모니아가 물에 잘 녹는 것을 실험으로 관찰해 본다.

실험
순서

① 둥근바닥 플라스크에 암모니아를 모은다.
② 장치를 세팅한다.
③ 소량의 물을 플라스크 안으로 흘려보낸다.
④ 분수가 시작된다.

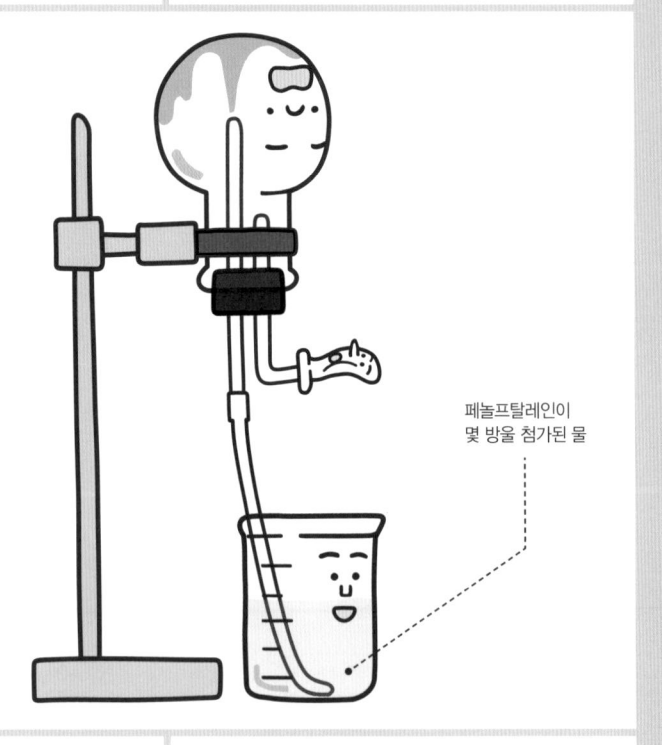

페놀프탈레인이
몇 방울 첨가된 물

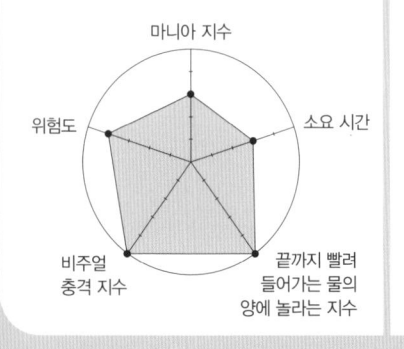

마니아 지수

위험도

소요 시간

비주얼
충격 지수

끝까지 빨려
들어가는 물의
양에 놀라는 지수

조언 한 마디
Onepoint
Advice

"페놀프탈레인 넣는 걸

깜빡하지 말 것."

이 운동은 입자의 주변 분자에 의한 것이라네. 즉 분자가 존재한다는 얘기일세.

그 후 다양한 연구가 이루어지면서 원자와 분자의 존재가 증명되었지.

대단하다!!

알버트 아인슈타인

1827년 영국의 식물학자 로버트 브라운이 꽃가루 입자가 물속에서 움직이는 것을 관찰했다 (브라운운동의 이름은 여기에서 유래).

뭐야 이건!! 입자가 살아 있어?!

1905년 아인슈타인이 브라운운동과 분자의 존재에 대한 연관성을 발표했다.

로버트 브라운

비커 군의 메모

▶ 브라운운동은 발견자 로버트 브라운의 본명에서 유래된 이름이야.

꽃가루를 현미경으로 관찰하는 과정에서 브라운운동이 발견되었다는 사실을 알게 된 어느 현미경 덕후 소년은 직접 확인하고 싶다는 생각으로 날마다 관찰을 거듭했습니다. 그런데 꽃가루는 전혀 움직이지 않았어요. 책을 다시 읽어보니 '꽃가루에서 유출되는 입자가…'라고 쓰여 있지 뭡니까! 꽃가루 본체는 브라운운동을 하기에 너무 무거웠던 거죠. 소년이었던 저는 이때 '문헌은 꼼꼼히 읽어야 한다'는 걸 뼈저리게 느꼈지만, 지금도 여전히 잘못 읽어 허당 소리를 듣고 있습니다.

브라운운동 관찰실험

실험 목적

• 브라운운동을 관찰하여 물 분자의 존재를 실제로 느껴본다.

① 우유를 희석한 용액을 준비한다.
② ①의 용액으로 프레파라트를 제작한다.
③ 현미경에 ②의 프레파라트를 세팅한다.
④ 관찰한다.

한쪽 눈만
감을 것

프레파라트를 세팅한다.

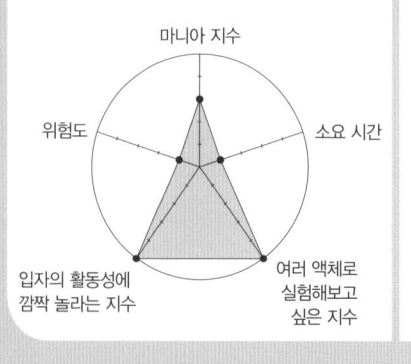

마니아 지수

소요 시간

위험도

입자의 활동성에
깜짝 놀라는 지수

여러 액체로
실험해보고
싶은 지수

조언 한 마디

Onepoint
Advice

"우유 말고 과즙이나

그림물감으로도

관찰할 수 있다."

{ 우리 주변의 콜로이드 }

주변 물질이
기체일 때도 있구나

안에 분산되어
입자를 '분산
그 주변의 물
'분산매'라고

		분산매(주변 물질)		
		고체	액체	기체
분산질(분산되어 있는 입자)	고체	색유리 루비	먹물 그림물감	연기 먼지
	액체	젤리 포마드	우유 마요네즈	구름 스프레이 제품
	기체	스티로폼	면도크림	없음

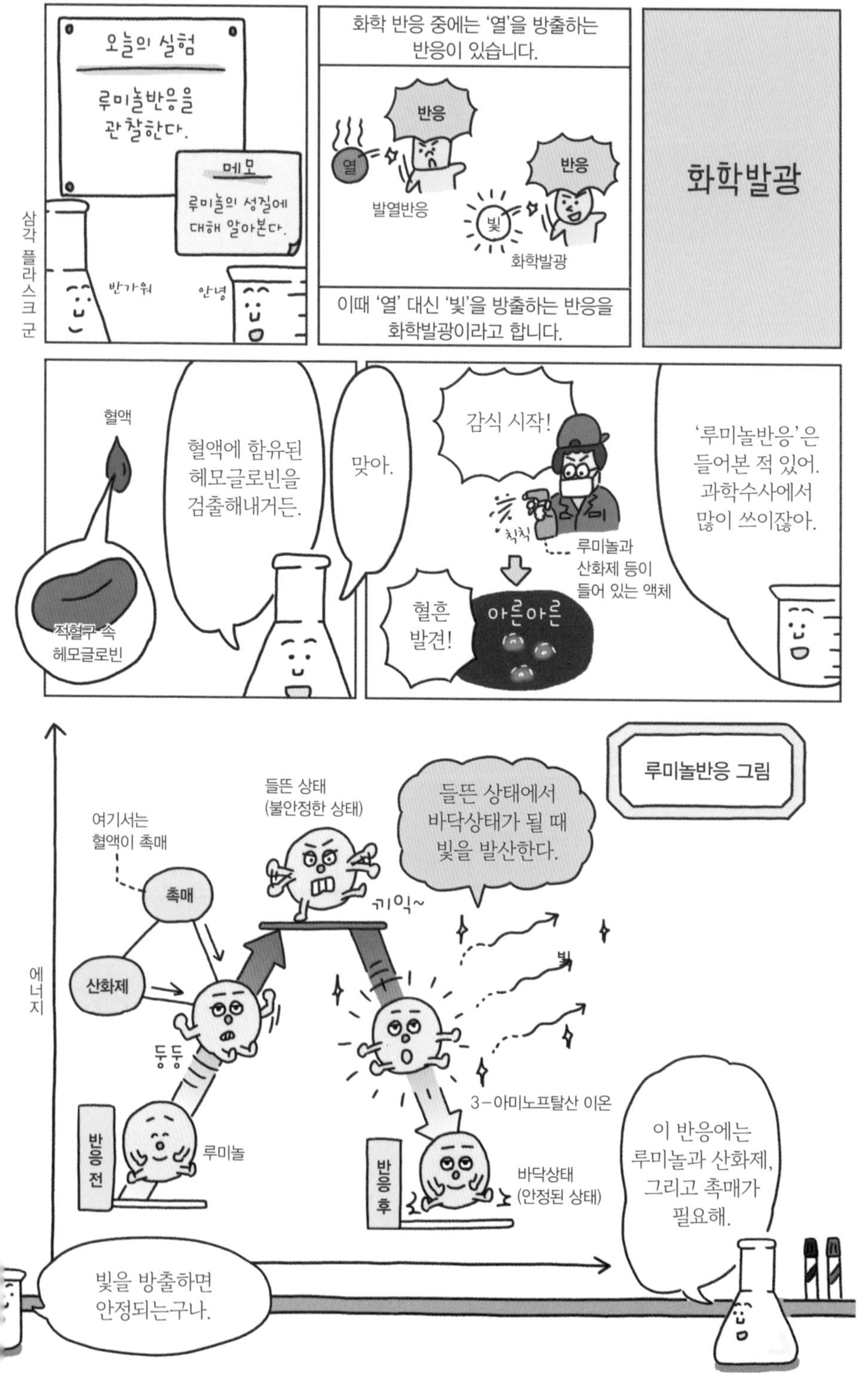

오늘의 실험

루미놀반응을 관찰한다.

메모
루미놀의 성질에 대해 알아본다.

삼각 플라스크 군

반가워

안녕

화학 반응 중에는 '열'을 방출하는 반응이 있습니다.

반응
열
발열반응

반응
빛
화학발광

이때 '열' 대신 '빛'을 방출하는 반응을 화학발광이라고 합니다.

화학발광

혈액

혈액에 함유된 헤모글로빈을 검출해내거든.

맞아.

적혈구 속 헤모글로빈

감식 시작!

척척

루미놀과 산화제 등이 들어 있는 액체

혈흔 발견!

아른아른

'루미놀반응'은 들어본 적 있어. 과학수사에서 많이 쓰이잖아.

루미놀반응 그림

들뜬 상태 (불안정한 상태)

들뜬 상태에서 바닥상태가 될 때 빛을 발산한다.

여기서는 혈액이 촉매

촉매

산화제

끼익~

둥둥

반응 전

루미놀

빛

3-아미노프탈산 이온

이 반응에는 루미놀과 산화제, 그리고 촉매가 필요해.

반응 후

바닥상태 (안정된 상태)

에너지

빛을 방출하면 안정되는구나.

비커 군의 메모

▶ 불안정한 상태에서
안정된 상태가 될 때
빛을 발해.

2천 명의 아이들 앞에서 루미놀반응으로 과학실험쇼를 한 적이 있습니다. 이왕이면 대규모로 해야겠다는 생각에 가로세로 90×180㎝ 크기의 수조를 동료들과 함께 제작했어요. 필요한 용액만 무려 A액 B액 합쳐서 약 200L! 용액 무게(수압)도 무게지만 루미놀 시약 견적에 깜짝 놀라고 말았죠. 꽤 고가입니다. 스폰서를 겨우 설득해서 결국에는 성공했습니다. 관객들이 루미놀반응을 보며 "우와!!"하고 지르던 함성은 지금까지도 생생합니다. 정말 아름다운 실험입니다.

루미놀반응 관찰실험 기초 편

실험 목적

• 루미놀의 성질을 알아본다.

① 정해진 양만큼 시약을 넣고 용액 A와 B를 조제한다.
② 주변을 어둡게 하고 A와 B를 혼합한다.
③ 발광하는 모습을 관찰한다.

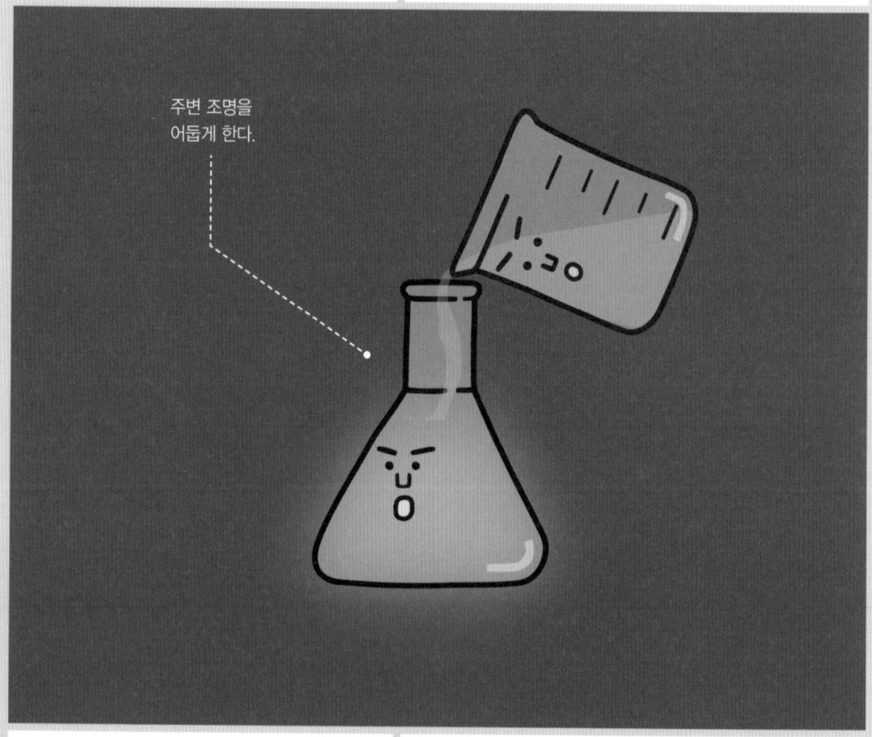

주변 조명을 어둡게 한다.

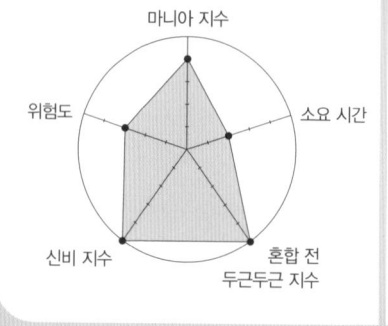

마니아 지수
소요 시간
혼합 전 두근두근 지수
신비 지수
위험도

조언 한 마디

Onepoint
Advice

"너무 어두워서

아예 안 보이는 일이

없도록 주의할 것."

루미놀반응 관찰실험 감식 실전 편

실험 목적

• 감식관이 된 것 같은 기분을 느껴본다.

① 소간을 종이에 비벼 묻힌다.
② 정해진 양만큼 시약을 넣어 용액을 만들고
   ①의 종이에 분사한다.
③ 주변을 어둡게 하고 발광하는 모습을 관찰
   한다.

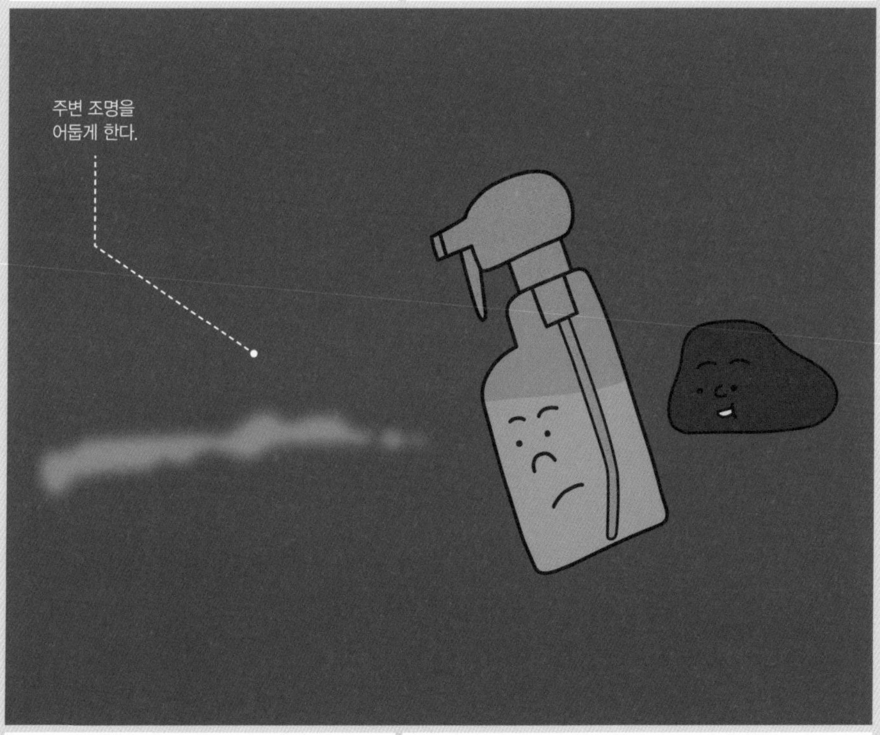

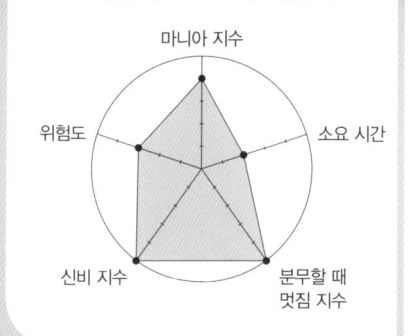

주변 조명을
어둡게 한다.

마니아 지수

위험도   소요 시간

신비 지수   분무할 때
멋짐 지수

조언 한 마디
Onepoint
Advice

"소간 말고 무즙으로도

빛이 난다."

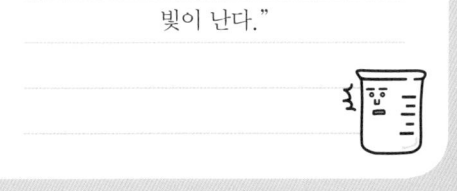

비커 군의 메모

▶ 한밤중에 루미놀반응 관찰실험을 할 리가 없지.

불똥꼴뚜기란?

학명은 Watasenia scintillans입니다.

온몸에 수많은 발광기가 있다. 발광물질인 루시페린과 효소인 루시페레이스(루시페라아제)가 반응하여 빛을 발한다(반응 기전은 아직 규명되지 않았다).

{ 발광하는 생물들 }

갯반디

- 갯반디과의 갑각류
- 몸길이 약 3mm

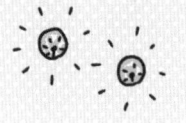

야광충

- 플랑크톤의 일종
- 몸길이 약 1mm

반딧불이

- 반딧불이과 곤충
- 몸길이 약 15mm

화경버섯

- 독버섯
- 표고버섯이나 느타리버섯과 모양이 비슷하므로 주의

평면해파리

- 2008년 일본인 과학자에게 노벨 화학상을 안겨준 유명한 해파리
- 몸길이 약 200mm

발광 지렁이

- 세계에 널리 분포
- 몸길이 약 40mm

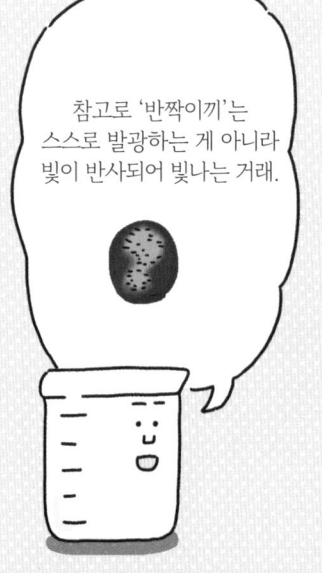

참고로 '반짝이끼'는 스스로 발광하는 게 아니라 빛이 반사되어 빛나는 거래.

아귀

- 주로 대서양 온대에서 열대 심해에 분포
- 몸길이 약 400mm

랜턴피시

- 샛비늘칫과의 심해성 발광어
- 측면과 복면에 다수의 발광기가 있다.
- 몸길이 약 200mm

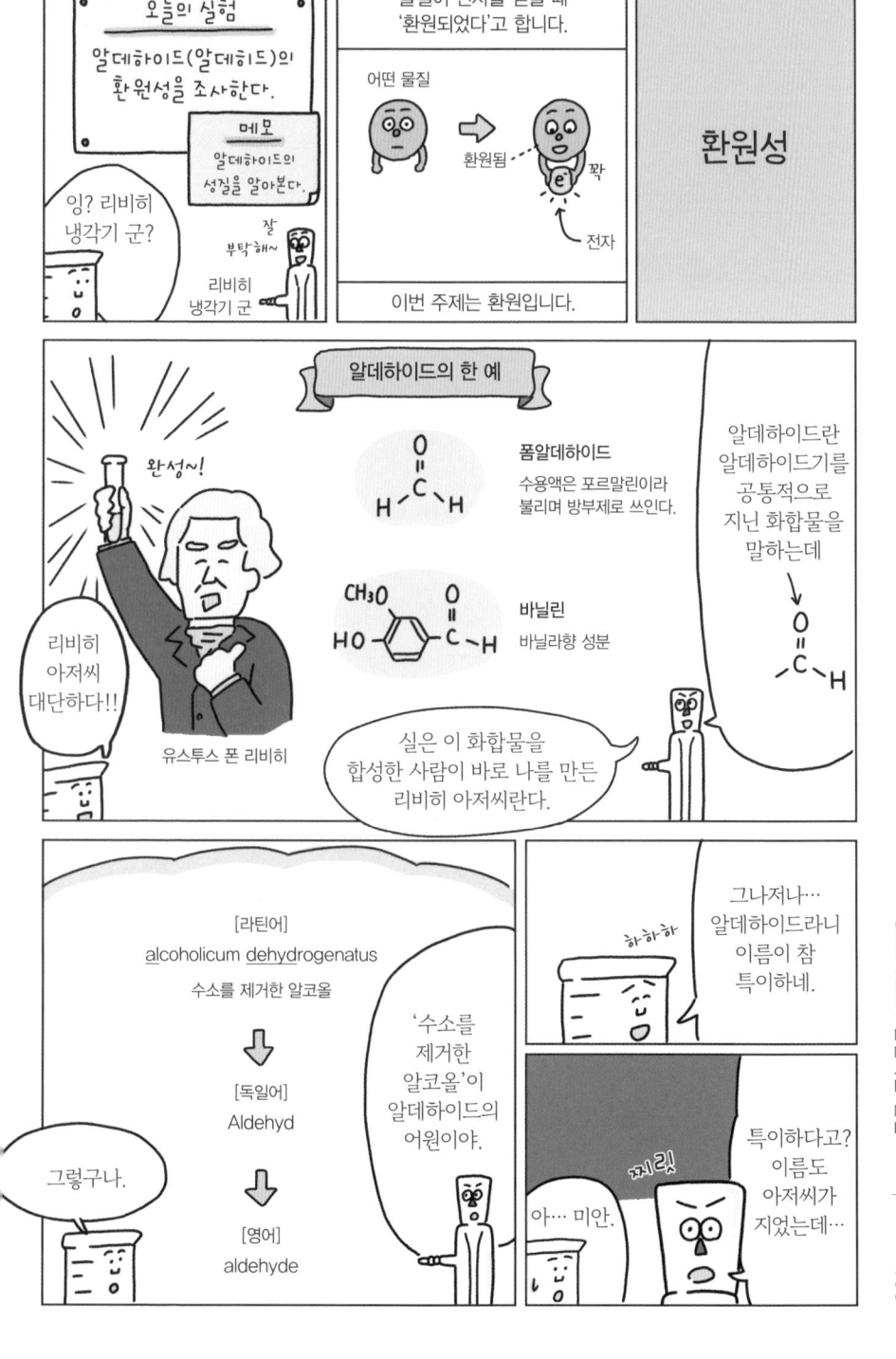

환원성이란 반응 상대를 '환원하는' 성질을 말해.※
즉 전자를 주는 힘을 의미하지.

반응 상대

환원성이 있는 물질

팍

휙

환원됨

전자

※ 전자를 준 물질은 산화
된다. 산화와 환원은 항상
쌍으로 일어난다.

환원성
이야.

그리고
알데하이드의
중요한 성질이
바로…

실험 ①
펠링반응

실험 ②
은거울반응

난
이 실험엔
안 나와~

그럼 이제부터 알데하이드의
환원성을 조사하는 두 가지
실험을 해보자.

환원성이 있는 물질의 한 예

쌀밥

레몬

글루코스

별칭 : 포도당
전분이 분해된 것

아스코르브산

별칭 : 비타민C
산화방지제로
자주 쓰인다.

참고로
환원성이 있는
다른 물질들을
소개할게.

실험 ① 펠링반응 실험 순서

A

황산 구리
수용액

B

주석산 칼륨나트륨
수산화 나트륨

① 펠링용액을 만들기 위한
A, B를 조제한다.

활 활
활 활

실험
끝

③ 가열

폼알데하이드

펠링용액
(A와 B 혼합)

④ 가만히 방치한 후 침전물을
관찰한다.

② 시험관에 용액 A, B를 같은 양씩 혼합하고
여기에 폼알데하이드를 넣는다.

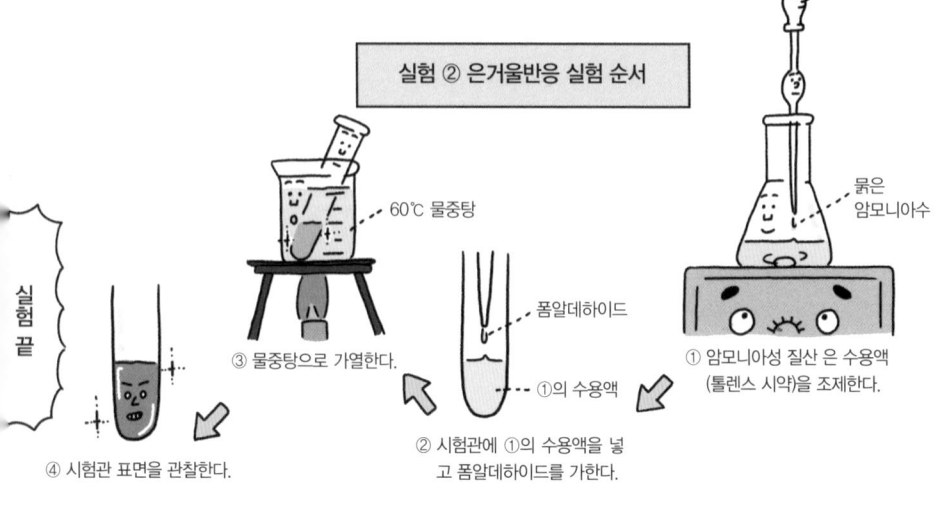

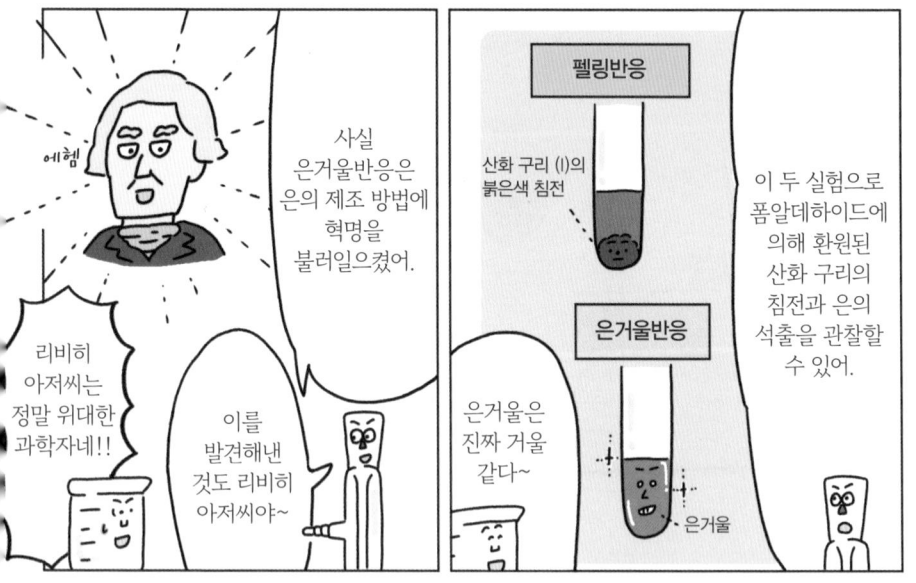

비커 군의 메모

▶ 리비히 아저씨는 위대한 화학자야.

초광각렌즈와 어안렌즈가 어마어마하게 비쌌던 시절, 밤하늘의 유성을 촬영하고자 은거울반응을 해본 적이 있습니다. 둥근바닥 플라스크 밑바닥을 거울로 만들면 넓은 범위를 한 번에 찍을 수 있겠다 싶었어요. 하지만 둥근바닥 플라스크가 생각보다 울퉁불퉁하고 일반 거울보다 반사율이 높지 않아서 유성은 찍히지도 않았습니다. 그러는 사이 은거울이 뿌예지기 시작했죠. 요즘처럼 전천(全天) 180도 촬영 가능한 어안렌즈를 쉽게 구할 수 있는 날이 올 줄은 꿈에도 몰랐던 소년 시절의 이야기였습니다.

알데하이드를 이용한 펠링반응 실험

실험 목적

- 알데하이드 성질을 알아본다.

① 펠링용액을 조제한다.
② 펠링용액에 폼알데하이드를 적하한다.
③ 분젠 버너로 가열한다.
④ 가만히 방치한 후 관찰한다.

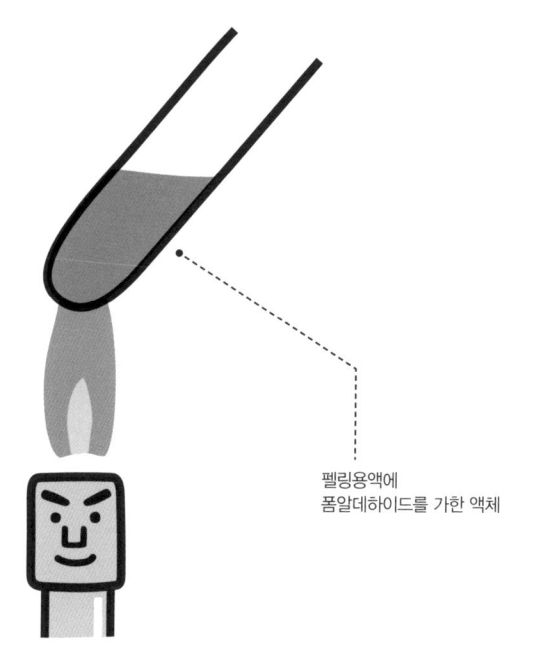

펠링용액에
폼알데하이드를 가한 액체

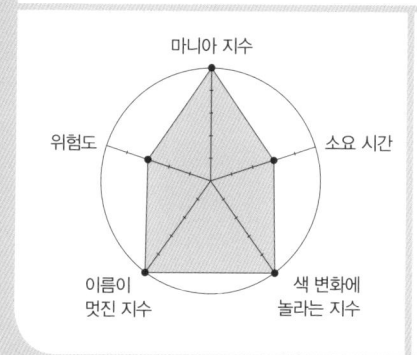

마니아 지수
소요 시간
색 변화에 놀라는 지수
이름이 멋진 지수
위험도

조언 한 마디
Onepoint
Advice

"순서 ③은

끓을 때까지

가열할 것."

알데하이드를 이용한 은거울반응 실험

실험 목적

• 알데하이드의 성질을 알아본다.

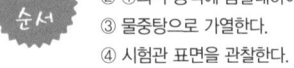

① 암모니아성 질산 은 수용액을 조제한다.
② ①의 수용액에 폼알데하이드를 가한다.
③ 물중탕으로 가열한다.
④ 시험관 표면을 관찰한다.

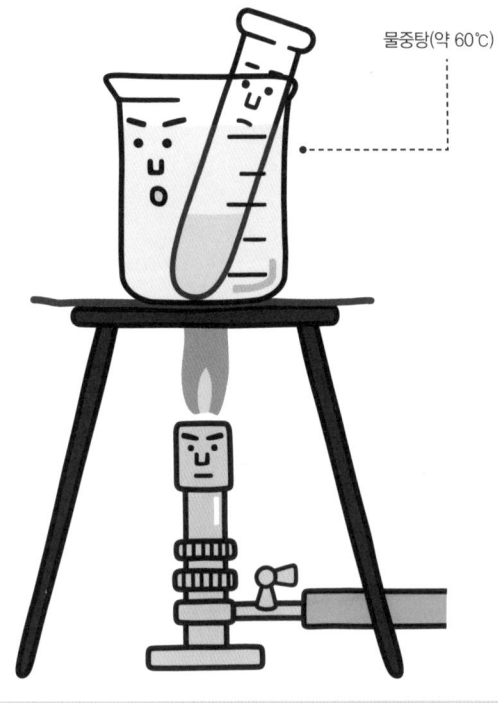

물중탕(약 60℃)

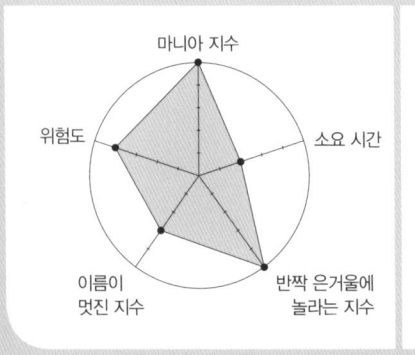

마니아 지수

소요 시간

위험도

반짝 은거울에
놀라는 지수

이름이
멋진 지수

조언 한 마디

Onepoint
Advice

"암모니아성 질산 은 수용액은

보관 중에 폭발성 물질이

생길 수 있으니 주의할 것.

실험에서 모두 사용하도록 한다."

산화 구리 (I)의 붉은색 침전 군

정식 명칭 산화 구리 (I)
(copper oxide)

특기 펠링반응이 일어났음을 나타내기

캐릭터 특징 좀 더 아름다운 색이 되고 싶은 마음이 있다.

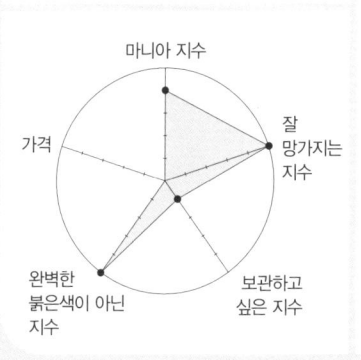

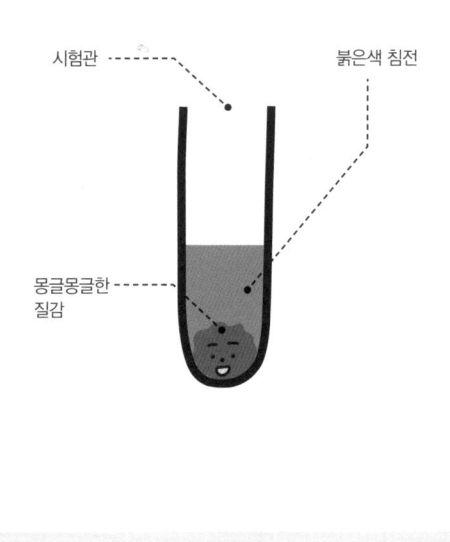

시험관

붉은색 침전

몽글몽글한 질감

은거울 군

정식 명칭 은거울
(silver mirror)

특기 은거울반응이 일어났음을 나타내기

캐릭터 특징 언제나 위풍당당 자신만만하다.

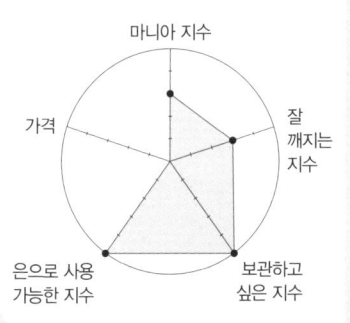

시험관

석출된 은

반짝반짝 몸매

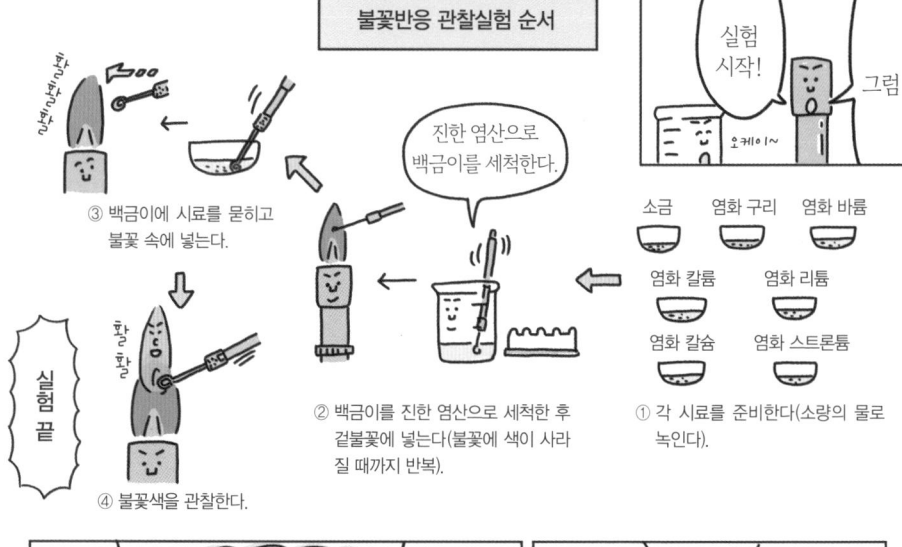

불꽃반응 관찰실험 순서

실험 시작! 오케이~ 그럼

소금　염화 구리　염화 바륨
염화 칼륨　염화 리튬
염화 칼슘　염화 스트론튬

① 각 시료를 준비한다(소량의 물로 녹인다).

진한 염산으로 백금이를 세척한다.

③ 백금이에 시료를 묻히고 불꽃 속에 넣는다.

② 백금이를 진한 염산으로 세척한 후 겉불꽃에 넣는다(불꽃에 색이 사라질 때까지 반복).

④ 불꽃색을 관찰한다.

실험 끝

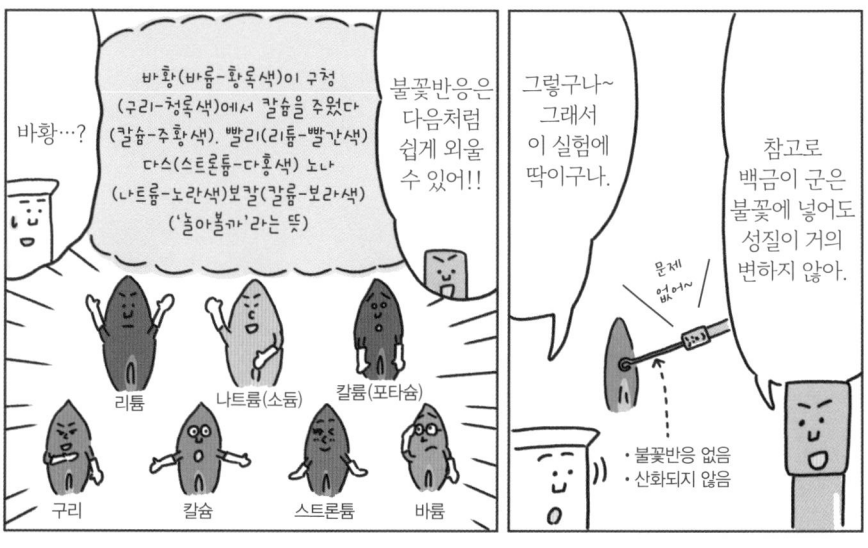

바황…?

바황(바륨-황록색)이 구청(구리-청록색)에서 칼슘을 주었다(칼슘-주황색). 빨리(리튬-빨간색) 다스(스트론튬-다홍색) 노나(나트륨-노란색)보카(칼륨-보라색) ('놀아볼까'라는 뜻)

불꽃반응은 다음처럼 쉽게 외울 수 있어!!

리튬　나트륨(소듐)　칼륨(포타슘)
구리　칼슘　스트론튬　바륨

그렇구나~ 그래서 이 실험에 딱이구나.

참고로 백금이 군은 불꽃에 넣어도 성질이 거의 변하지 않아.

문제 없어~

• 불꽃반응 없음
• 산화되지 않음

비커 군의 메모

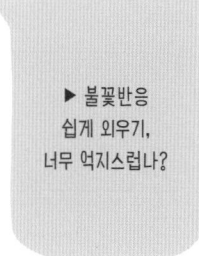

▶ 불꽃반응 쉽게 외우기, 너무 억지스럽나?

불꽃반응은 아름답고 신비로운 실험입니다. 흔히 금속이 타는 걸로 오해하는데 원소 안에서 일어나는 전자의 에너지 변화에 따른 현상입니다. 참고로 백금은 매우 고가여서 색만 관찰하는 실험이라면 시중에 판매되는 스테인리스 철사로도 가능합니다. 증발접시에 용액과 여과지를 넣고 불을 붙이면 유색의 거대한 불꽃을 만들 수 있습니다.

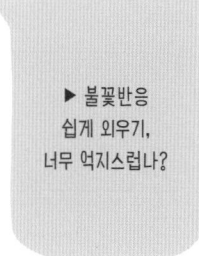

불꽃반응 관찰실험

실험 목적

• 불꽃반응을 보고 원소들을 구별해본다.

① 각 시료를 준비한다.
② 불꽃에서 색이 사라질 때까지 백금이를 세척한다.
③ 백금이에 시료를 묻히고 불꽃에 넣는다.
④ 불꽃색을 관찰한다.

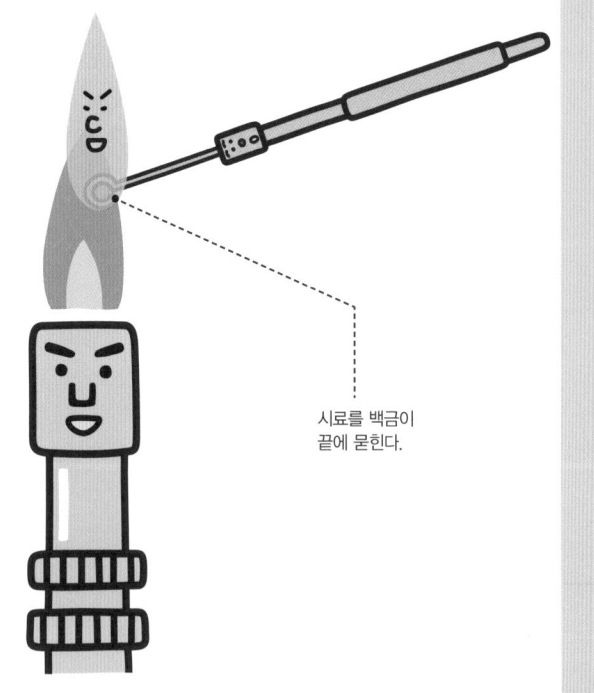

시료를 백금이
끝에 묻힌다.

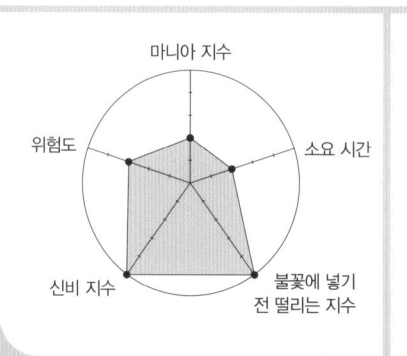

마니아 지수

소요 시간

위험도

신비 지수

불꽃에 넣기
전 떨리는 지수

조언 한 마디
Onepoint Advice

"백금이는 시료를

바꿀 때마다

세척할 것."

백금이 군과 백금봉 군

정식 명칭   백금이
(platinum loop)
특기   불꽃색 관찰과 미생물 도포하기
캐릭터 특징   서로 존중하는 사이좋은 짝꿍

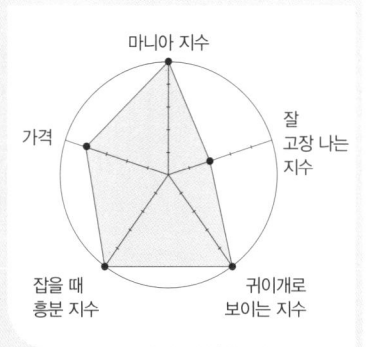

마니아 지수
가격
잘 고장 나는 지수
잡을 때 흥분 지수
귀이개로 보이는 지수

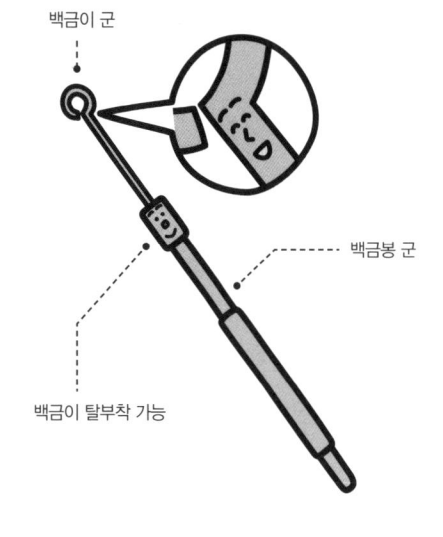

백금이 군

백금봉 군

백금이 탈부착 가능

백금봉 거치대 군

정식 명칭   백금봉 거치대 군
(platinum loop stand)
특기   가열된 백금봉 잠시 놓아두기
캐릭터 특징   슬픈 표정이지만 딱히 슬픈 건
아니다.

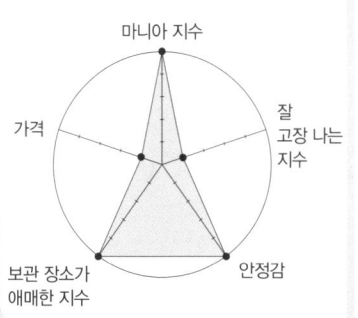

마니아 지수
가격
잘 고장 나는 지수
보관 장소가 애매한 지수
안정감

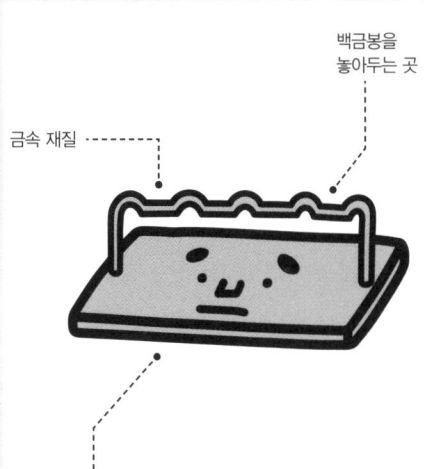

백금봉을 놓아두는 곳

금속 재질

플라스틱 재질

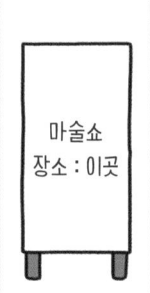

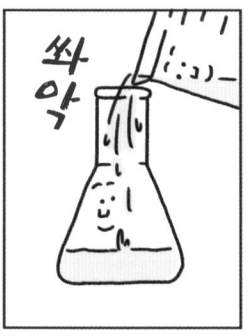

비커 군의 메모

▶ 잘 흔드는 게
중요해.

마술 트릭 공개

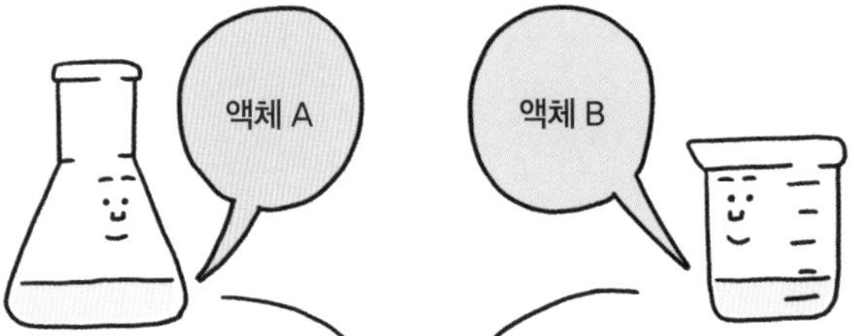

액체 A

액체 B

- 물
- 설파민산
- 아이오딘화 나트륨

- 과산화 수소수
- 말론산
- 황산 망가니즈
- 전분

혼합

다음의 두 반응이 가역적으로 일어나면서
색이 무색 ↔ 유색으로 계속 바뀐다.[※]

반응 ①
**아이오딘이
생성되는 반응**

생성된 아이오딘(요오드)이 전분과
반응하여 청자색을 띤다.

반응 ②
**아이오딘이
소비되는 반응**

아이오딘이 없어지므로 청자색에서
무색으로 바뀐다.

이 같은 반응을
진동반응이라고 해.

반응에 필요한 물질이 모두 쓰이면 반응이 끝난다.
(아이오딘은 남으므로 최종적으로 청자색이 된다)

※ 엄밀히 말하면 기타 여러 다른 반응들도 일어나고 있다.

분리하는 실험

시계의 구조를 알고 싶다면 시계를 분해해보는 것도 한 방법입니다. 이 우주를 구성하는 물질의 원리를 규명하고자 한다면 역시 분해는 중요한 접근 방법입니다. 이것이 바로 '분리하는 실험'이에요. 그런데 주변에 있는 물질의 대부분은 또 다른 여러 물질들의 조합이며, 각 물질들은 무수한 원자가 복잡하게 조합되어 만들어진 것이죠. 따라서 맨 처음 비교적 쉬운 분해부터 시작하여 물질의 구성을 생각하고, 그 결과 알게 된 구성을 이용해 보다 고차원적인 분해 방법을 검토하는 절차들을 반복해야 합니다.

1898년 피에르와 마리 퀴리 부부의 방사성 원소의 추출실험이 '분리하는 실험'으로 유명합니다. 몇 톤에 달하는 우라늄광 잔재로부터 몇 개월에 걸쳐 폴로늄과 라듐을 분리했습니다. 이 연구를 시작으로 방사선 과학과 더불어 세상은 크게 발전할 수 있었습니다.

한편 흔히 볼 수 있는 예로는 '종이 크로마토그래피'가 있습니다. 여과지의 한 점에 분리하려는 물질을 놓고, 한쪽에 용매(전개액)를 스며들게 하여 물에 대한 친화력이나 입자의 크기와 무게별로 물질을 분리하는 거예요. 여과지를 이용한 방법이 시도된 것은 20세기 중반입니다. 이 업적을 인정받아 발명자인 마틴과 싱은 노벨 화학상을 수상했습니다. 그 후 여과지 대신 특수 박막 등을 이용한 각종 크로마토그래피가 개발되었고 오늘날 여러 분석 분야에서 쓰이고 있습니다.

물질을 분리하는 방법은 정말 다양합니다. 혼합 물질의 물리적인 성질을 이용한 '여과'와 '증류', 화학적 반응을 이용한 '추출'과 '침전'은 물론, 현재는 광속에 가까운 속도로 물질끼리 충돌시켜 분해하는(소립자 가속실험) 실험도 시행되고 있어요. 생활을 보다 편리하게 하는 물질을 얻고자, 그리고 물질과 우주의 원리를 밝혀내기 위해 인류는 '분리하는 실험'을 계속해왔다고 할 수 있죠.

5

분리하는 실험

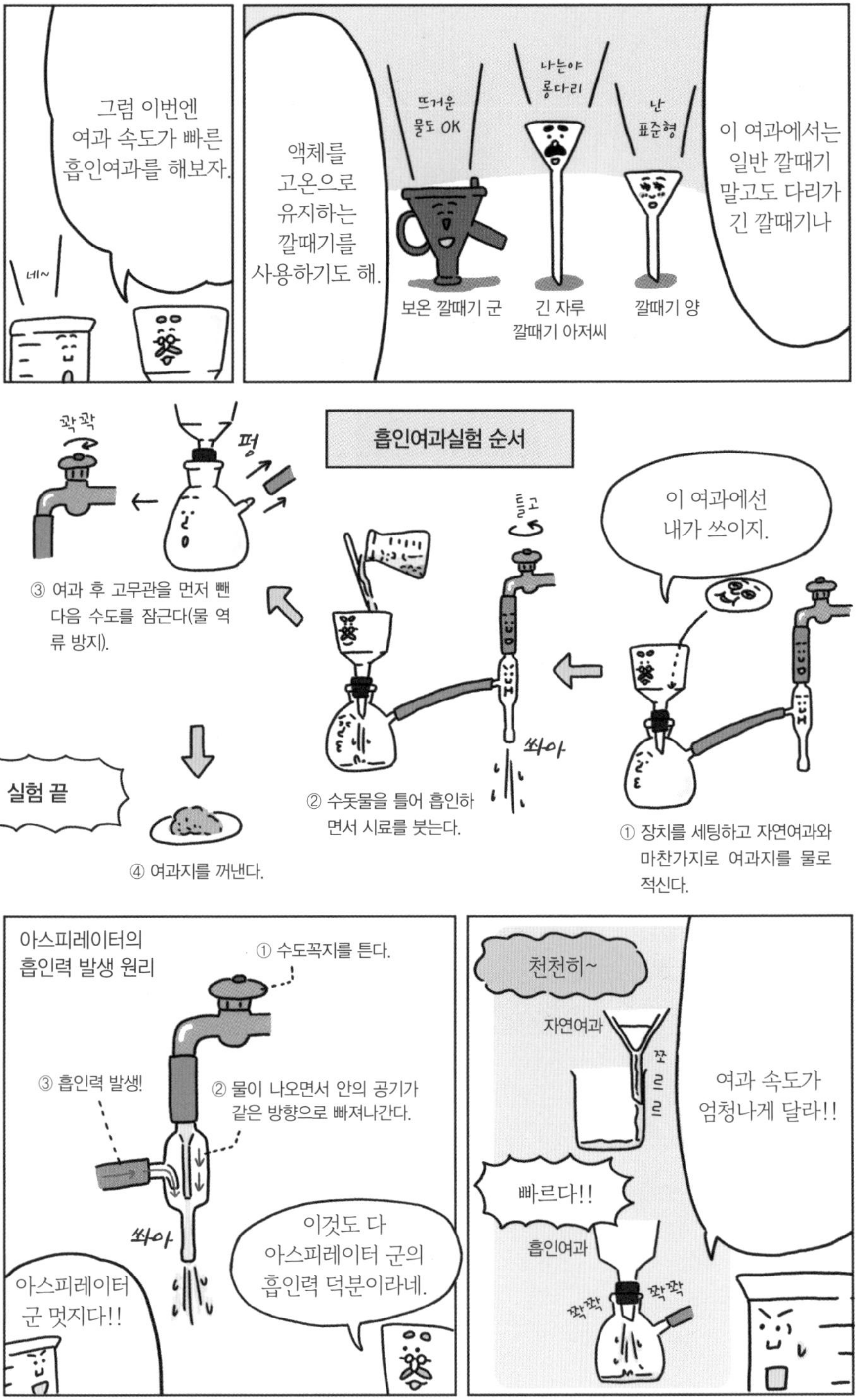

그럼 이번엔 여과 속도가 빠른 흡인여과를 해보자.

네~

액체를 고온으로 유지하는 깔때기를 사용하기도 해.

뜨거운 물도 OK
보온 깔때기 군

나는야 롱다리
긴 자루 깔때기 아저씨

난 표준형
깔때기 양

이 여과에서는 일반 깔때기 말고도 다리가 긴 깔때기나

흡인여과실험 순서

③ 여과 후 고무관을 먼저 뺀 다음 수도를 잠근다(물 역류 방지).

펑

꽉꽉

실험 끝

④ 여과지를 꺼낸다.

② 수돗물을 틀어 흡인하면서 시료를 붓는다.

틀고

쏴아

① 장치를 세팅하고 자연여과와 마찬가지로 여과지를 물로 적신다.

이 여과에선 내가 쓰이지.

아스피레이터의 흡인력 발생 원리

① 수도꼭지를 튼다.

③ 흡인력 발생!

② 물이 나오면서 안의 공기가 같은 방향으로 빠져나간다.

쏴아

아스피레이터 군 멋지다!!

이것도 다 아스피레이터 군의 흡인력 덕분이라네.

천천히~

자연여과

꼬르륵

빠르다!!

흡인여과

꽉꽉

여과 속도가 엄청나게 달라!!

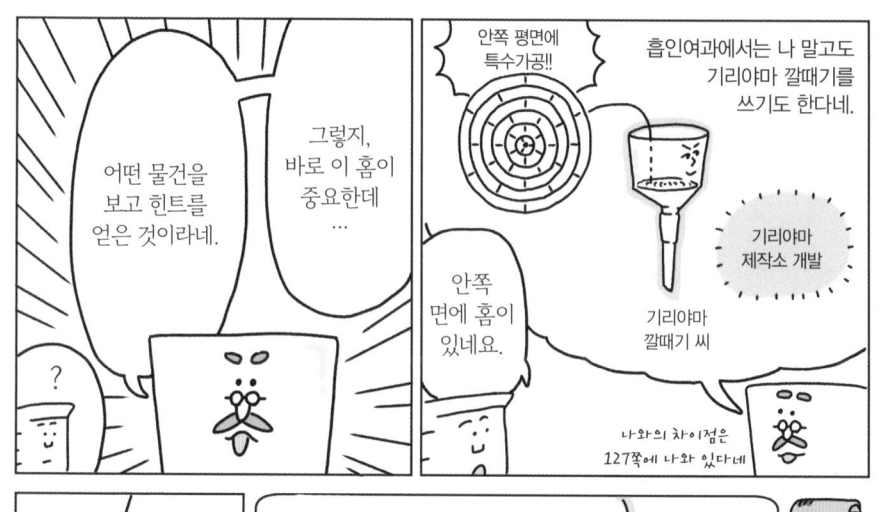

비커 군의 메모

▶ 기리야마 깔때기에도 숨은 스토리가 있었다니.

흡인여과를 처음 봤을 때 엄청난 감동을 받았습니다. 입자가 고운 용액을 일반 깔때기와 여과지로 여과하면 기본 몇 시간은 걸립니다. 기다리는 시간이 지루해 여과액이 똑똑 떨어지는 걸 보다가 그만 스르르 잠이 들기도 해요(사실 보고 있을 필요도 없지만요). 그런데 흡인 여과는 여과 시간이 압도적으로 빠릅니다. 아스피레이터의 원리는 또 어쩜 그리 멋진지, 소리도 감압펌프만큼 요란하지 않아서 깜빡 졸기 에도 참 좋아요.

자연여과실험

실험 목적

• 액체에서 침전 등을 분리한다.

① 여과지를 접어서 깔때기에 세팅한다.
② 장치를 세팅하고 물로 깔때기에 여과지를 밀착시킨다.
③ 시료가 유리막대를 따라 흘러내려 가도록 시료를 붓는다.
④ 여과 후 여과지를 꺼낸다.

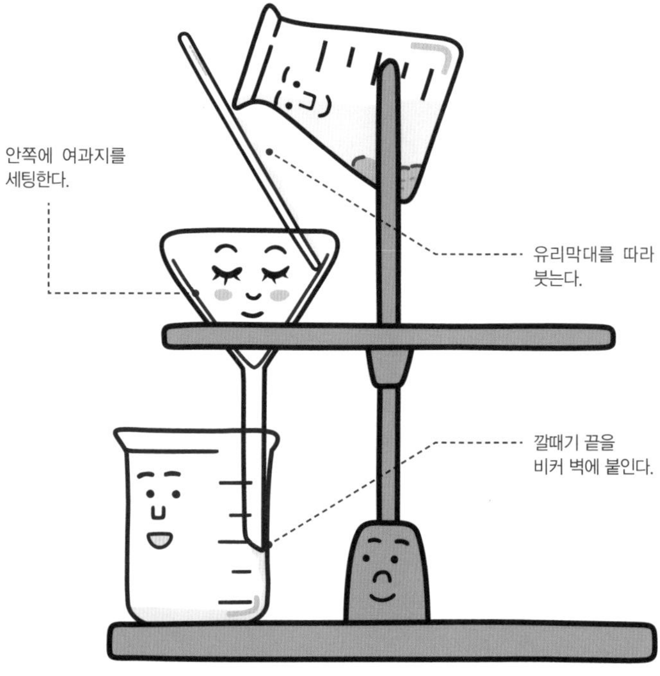

안쪽에 여과지를 세팅한다.

유리막대를 따라 붓는다.

깔때기 끝을 비커 벽에 붙인다.

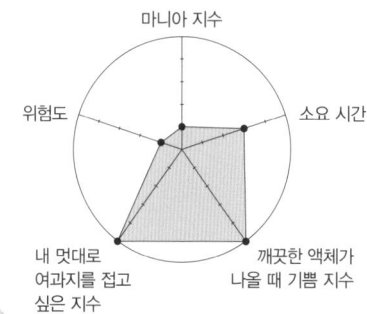

마니아 지수

소요 시간

위험도

깨끗한 액체가 나올 때 기쁨 지수

내 멋대로 여과지를 접고 싶은 지수

조언 한 마디

Onepoint
Advice

"유리막대로 여과지를 찢지 않도록 조심할 것."

흡인여과실험

실험 목적

- 자연여과로는 시간이 걸리는 액체(고점도, 침전이 많은 경우 등)에서 침전을 분리한다.

실험 순서

① 장치를 세팅하고 여과지를 물로 적신다.
② 수돗물을 틀고 흡인하면서 시료를 붓는다.
③ 여과 후 고무관을 뺀 다음 수도를 잠근다.
④ 여과지를 꺼낸다.

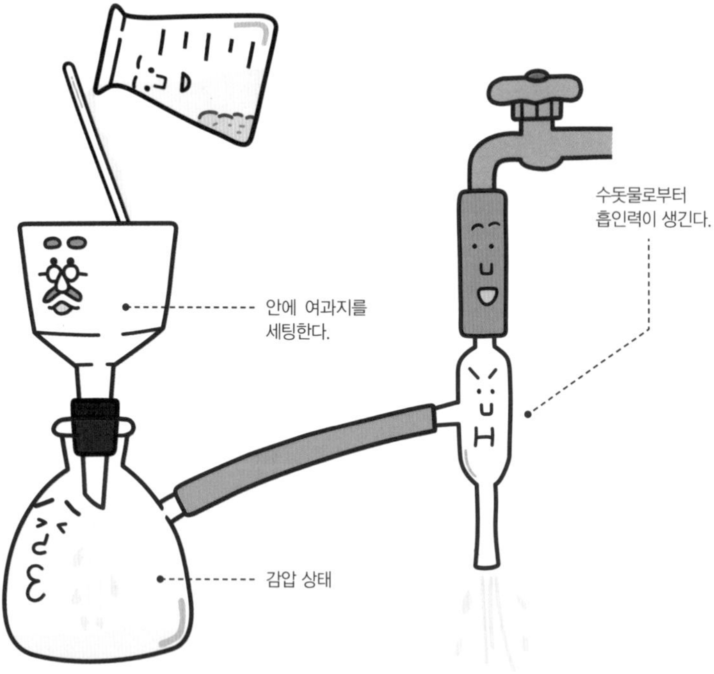

안에 여과지를 세팅한다.

수돗물로부터 흡인력이 생긴다.

감압 상태

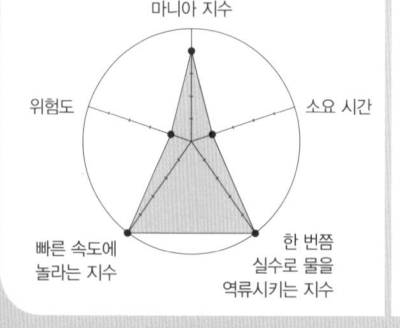

마니아 지수

소요 시간

위험도

빠른 속도에 놀라는 지수

한 번쯤 실수로 물을 역류시키는 지수

조언 한 마디

Onepoint
Advice

"아스피레이터 대신
펌프를 사용할 수 있다."

긴 자루 깔때기 아저씨

정식 명칭   긴 자루 깔때기
               (long stem funnel)
특기   액체를 한 부위로 모으기
캐릭터 특징   통이 큰 아저씨

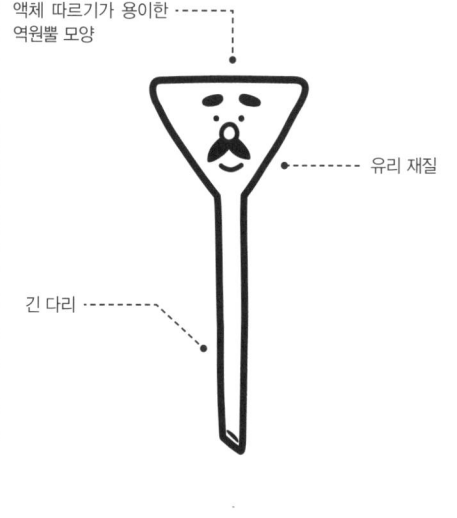

액체 따르기가 용이한
역원뿔 모양

유리 재질

긴 다리

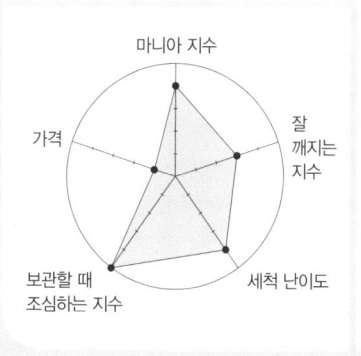

마니아 지수

잘
깨지는
지수

세척 난이도

보관할 때
조심하는 지수

가격

보온 깔때기 군

정식 명칭   보온 깔때기
               (hot funnel)
특기   깔때기 보온하기
캐릭터 특징   안의 액체가 식으면 우울해진다.

깔때기를
세팅하는 곳

물 주입구

구리 재질

분젠 버너 등으로
가열하는 부분

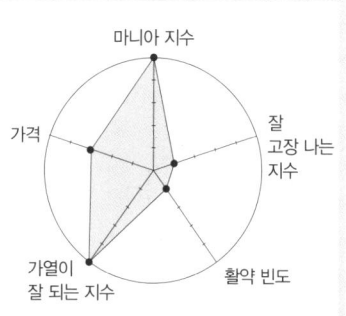

마니아 지수

잘
고장 나는
지수

활약 빈도

가열이
잘 되는 지수

가격

기리야마 깔때기 씨

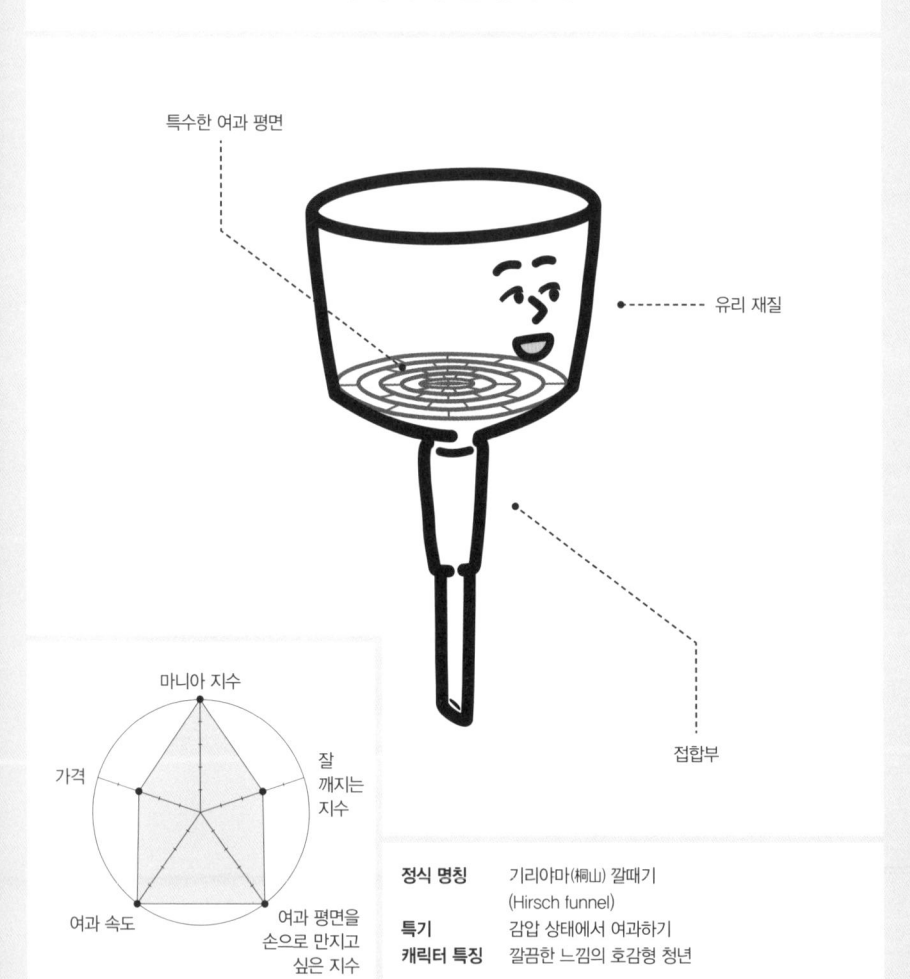

특수한 여과 평면

유리 재질

접합부

마니아 지수

잘 깨지는 지수

가격

여과 평면을 손으로 만지고 싶은 지수

여과 속도

정식 명칭 기리야마(桐山) 깔때기
(Hirsch funnel)

특기 감압 상태에서 여과하기

캐릭터 특징 깔끔한 느낌의 호감형 청년

실험 동료들

여과지 군

유리막대 군

비커 군

아스피레이터 군과 고무관 군

{ 깔때기 비교하기 }

명칭	부흐너 깔때기 할아버지	기리야마 깔때기 씨	깔때기 양
옆모습			
위에서 본 모습			
재질	도자기	유리	유리
여과 종류	흡인여과	흡인여과	자연여과
실험 방식			
특징	● 무게감이 있다. ● 기리야마 깔때기보다 가격이 다소 저렴하다.	● 투명해서 더러움이 금방 눈에 띈다. ● 구멍이 하나라서 세척이 용이하다.	● 다른 두 깔때기보다 흔하고 저렴하다. ● 초등학교에서도 많이 쓰인다.

* 정확하게는 아이오딘이 용해된 아이오딘화 칼륨 수용액

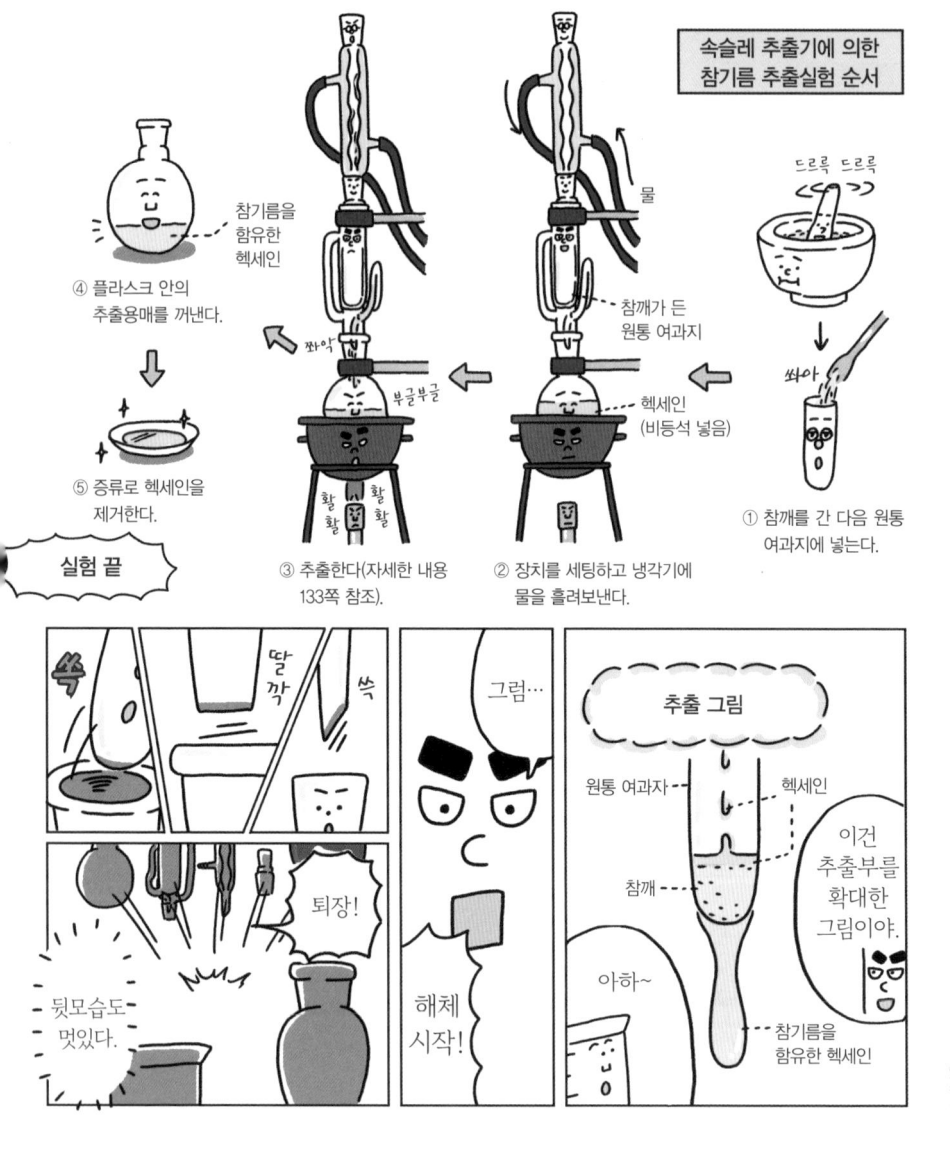

속슬레 추출기에 의한
참기름 추출실험 순서

참기름을
함유한
헥세인

④ 플라스크 안의
추출용매를 꺼낸다.

⑤ 증류로 헥세인을
제거한다.

실험 끝

③ 추출한다(자세한 내용
133쪽 참조).

물

참깨가 든
원통 여과지

헥세인
(비등석 넣음)

② 장치를 세팅하고 냉각기에
물을 흘려보낸다.

드르륵 드르륵

① 참깨를 간 다음 원통
여과지에 넣는다.

딸깍
쏙

그럼…

추출 그림

원통 여과자   헥세인

참깨

퇴장!

해체
시작!

이건
추출부를
확대한
그림이야.

아하~

참기름을
함유한 헥세인

뒷모습도
멋있다.

비커 군의 메모

▶ '속슬레'라는
이름까지도 멋져.

학창 시절 실험실 동료들과 돈을 모아 유리병에 든 분말커피를 산 적이 있습니다. 그런데 한 친구가 병을 떨어뜨려 깨뜨리고 말았습니다. 모두 돈이 궁했던 때라 엄청 화를 냈죠. 정작 당사자는 놀라거나 당황하지 않고 유리 조각과 커피가루를 빗자루로 쓸어 담곤 수용액으로 만들더라고요. 그리고 여과해서 시약병에 담아 'Conc. 커피(Conc는 Concentrated의 약자)'라고 적은 뒤 약품장에 보관했습니다. 뜨거운 물로 희석해 마시면 된다는 거였어요. 그 친구 아이디어에 모두 감탄했답니다(비슷하지만 엄밀히 말하면 추출은 아니에요).

속슬레 추출기용 추출관 군

정식 명칭	속슬레 추출기용 추출관 (extraction tube for Soxhlet's extractor)
특기	안에 원통 여과지를 넣고 추출하기
캐릭터 특징	속슬레 추출기의 리더 같은 존재

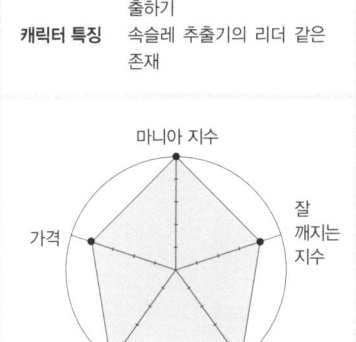
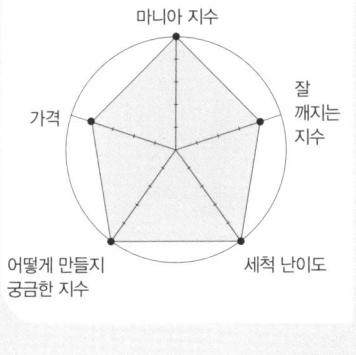

마니아 지수

잘 깨지는 지수

가격

어떻게 만들지 궁금한 지수

세척 난이도

증발한 용매를 아래에서 위로 통과시키는 부분

유리 재질

추출한 용매를 플라스크로 떨어뜨리는 사이펀 부분

속슬레 추출기용 플라스크 군

정식 명칭	속슬레 추출기용 플라스크 (flask for Soxhlet's extractor)
특기	추출용매 담기
캐릭터 특징	속슬레 추출기에게 힐링 같은 존재

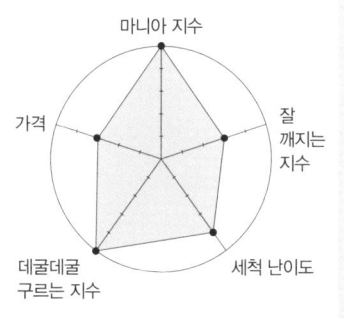

마니아 지수

잘 깨지는 지수

가격

데굴데굴 구르는 지수

세척 난이도

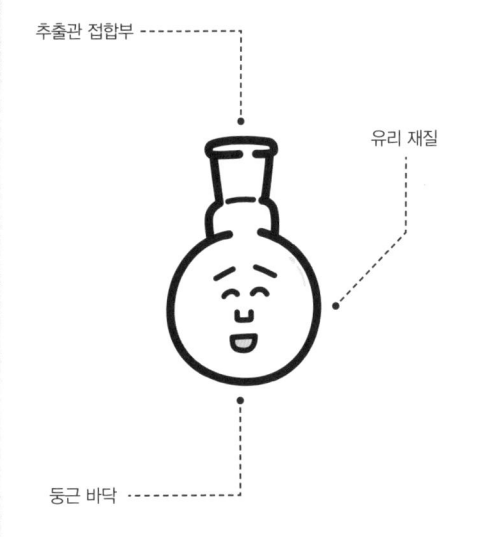

추출관 접합부

유리 재질

둥근 바닥

속슬레 추출기에 의한 참기름 추출실험

실험 목적

• 속슬레 추출기의 원리를 이해한다.

① 참깨를 간 다음 원통 여과지에 넣는다.
② 장치를 세팅하고 냉각관에 물을 흘려보낸다.
③ 추출한다.
④ 플라스크 안의 추출용매를 꺼낸다.
⑤ 증류하여 헥세인을 제거한다.

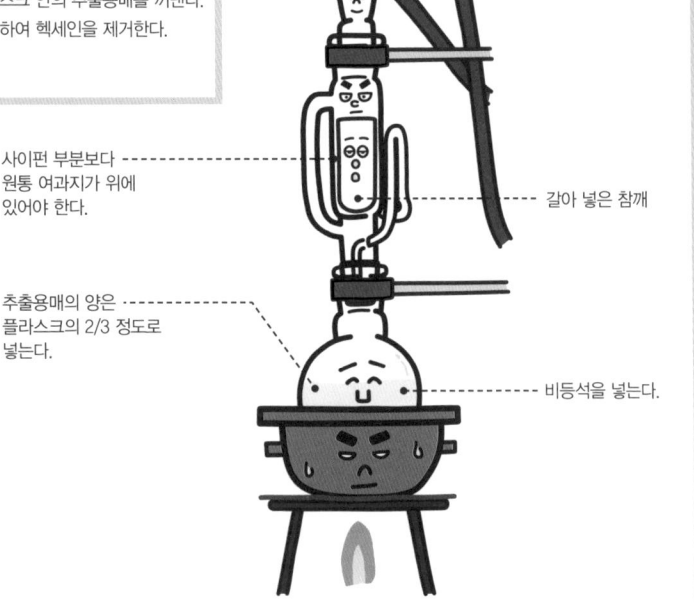

냉각용 물은 아래에서 위 방향으로 흐르게 한다.

사이펀 부분보다 원통 여과지가 위에 있어야 한다.

갈아 넣은 참깨

추출용매의 양은 플라스크의 2/3 정도로 넣는다.

비등석을 넣는다.

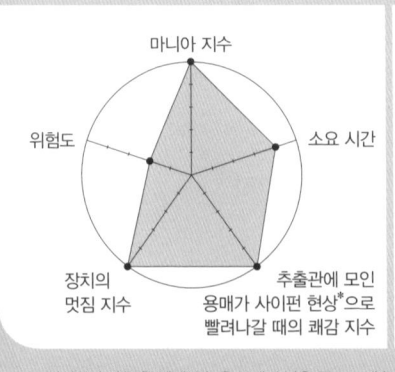

마니아 지수

위험도

소요 시간

장치의 멋짐 지수

추출관에 모인 용매가 사이펀 현상*으로 빨려나갈 때의 쾌감 지수

조언 한 마디
Onepoint Advice

"참깨는 원통 여과지의

70% 정도로 채울 것."

* 사이펀에 가득 찬 액체가 높은 곳에서 낮은 곳으로 계속 흘러가는 현상

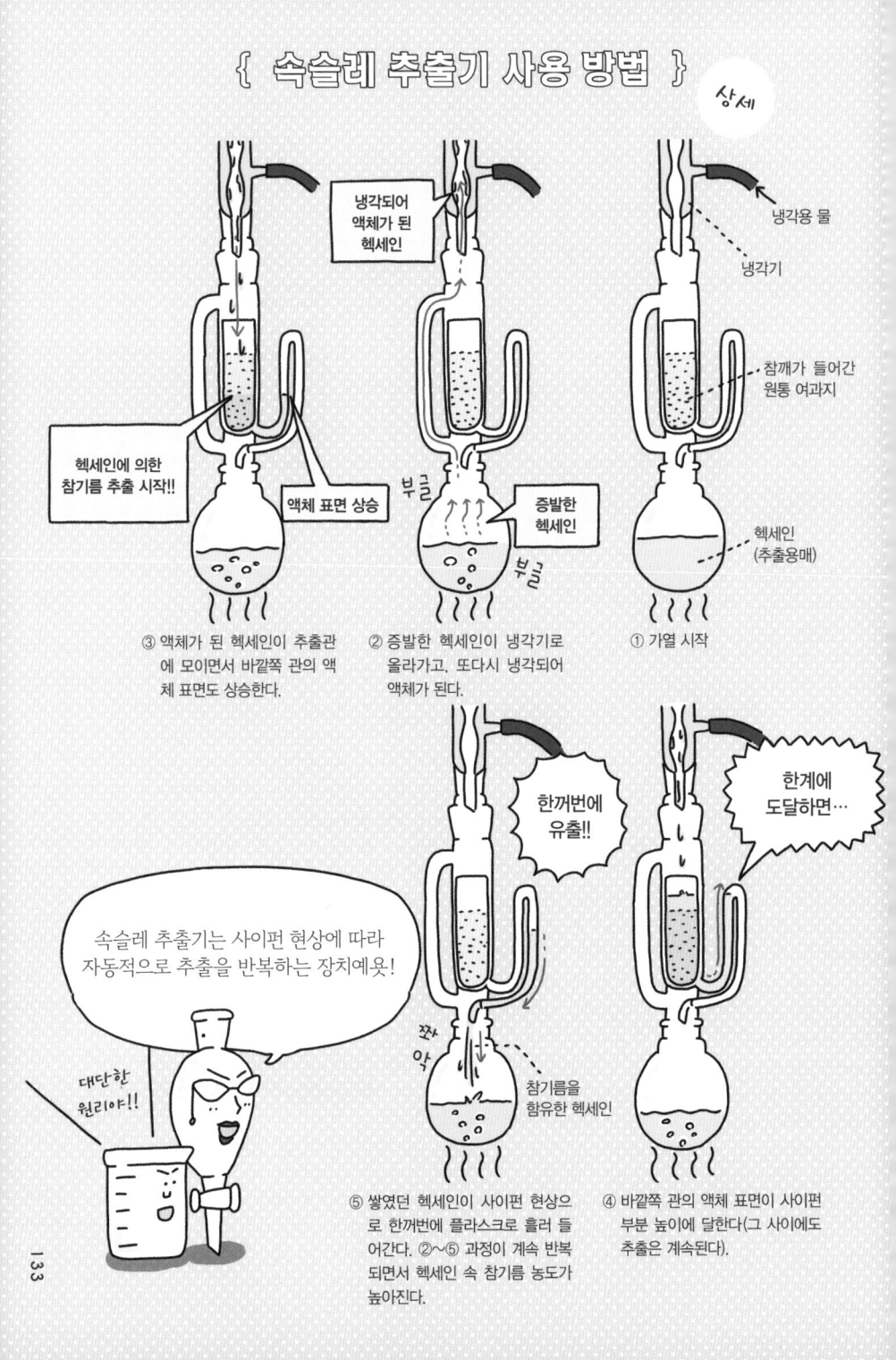

원통 여과지 군

정식 명칭　셀룰로스 원통 여과지
(cellulose extraction thimble)
특기　추출하려는 물건을 품 안에
품기
캐릭터 특징　속슬레 추출기의 핵심 인물이
지만 정작 본인은 잘 모른다.

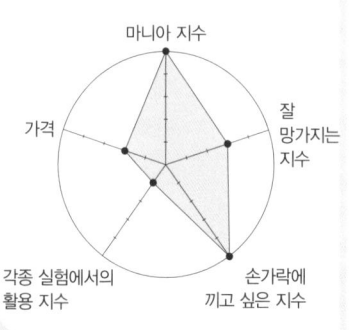

마니아 지수
잘 망가지는 지수
손가락에 끼고 싶은 지수
각종 실험에서의 활용 지수
가격

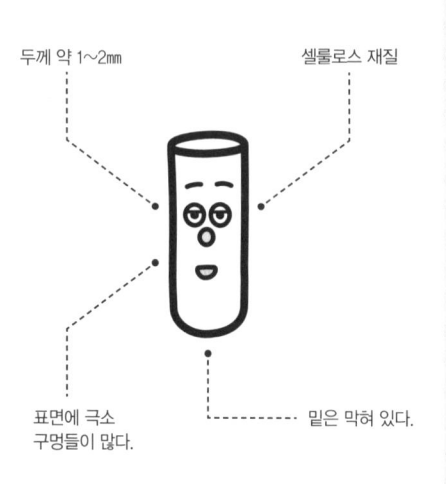

두께 약 1~2mm
셀룰로스 재질
표면에 극소 구멍들이 많다.
밑은 막혀 있다.

중탕기 군과 뚜껑 군

정식 명칭　중탕기
(water bath)
특기　안에 든 물을 가열하기
캐릭터 특징　소곤소곤 말하는 중탕기 군과
그를 대변하는 뚜껑 군

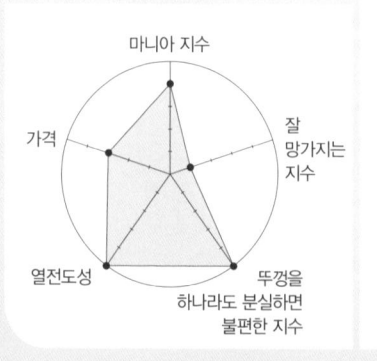

마니아 지수
잘 망가지는 지수
뚜껑을 하나라도 분실하면 불편한 지수
열전도성
가격

뚜껑 개수를 조절하여
입구 크기를 조절할 수 있다.

손잡이
구리 재질

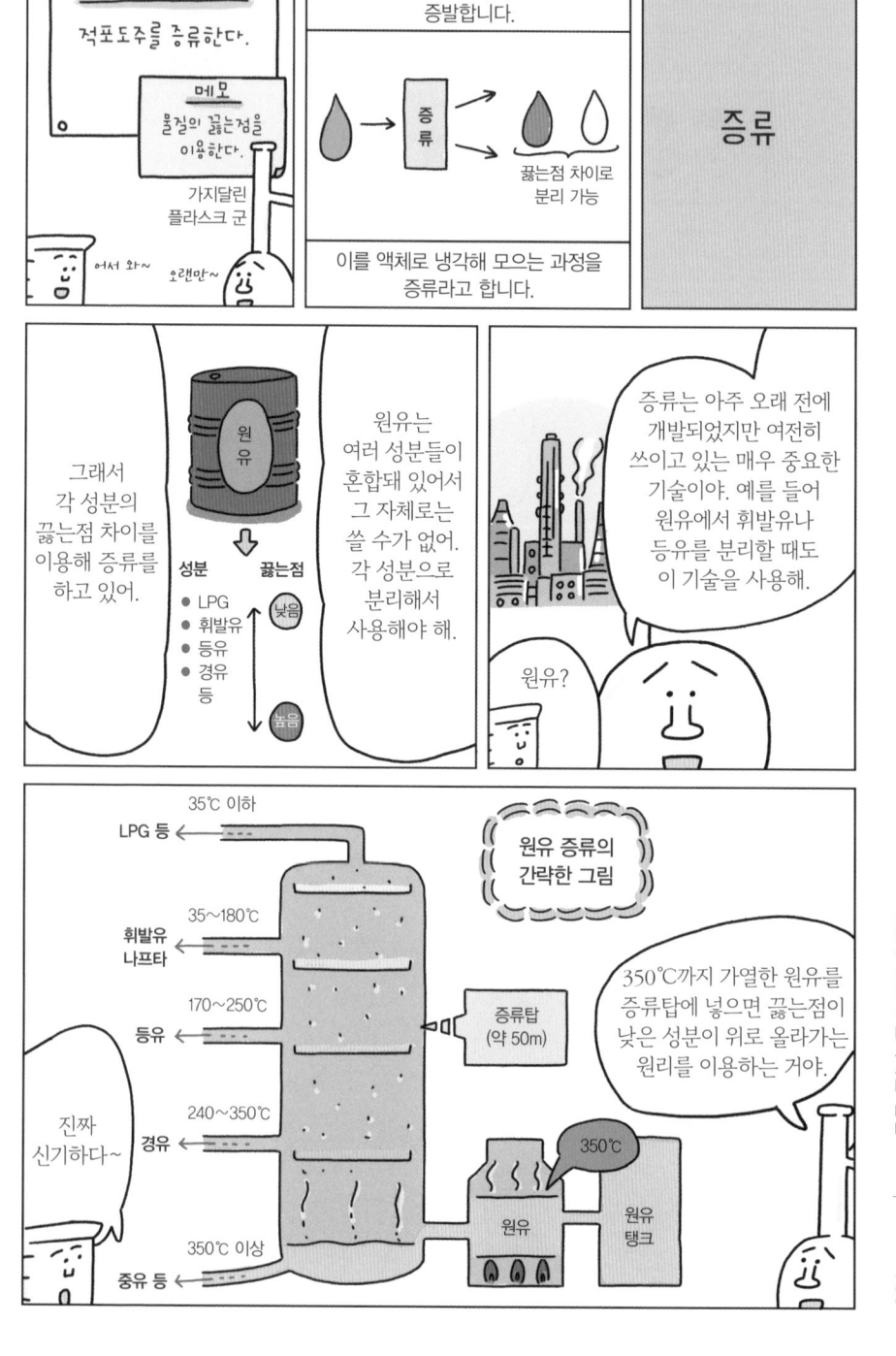

그밖에도
위스키 같은
술이나 향수에도
이 기술이
쓰이고 있지.

해수 담수화* ← 위스키, 소주

향수

끓는점이 낮은 성분을 '가볍다'
그 반대를 '무겁다'라고 하는데,
여기서 '경유·중유'라는
이름이 유래됐어. 경차의
연료라는 뜻이 아니야.

헷갈린다~

그럼
실험을
시작해보자.

OK!

물과 에탄올의
혼합물이라는
점이야.

증류로 에탄올
(알코올 성분)을
분리해낸다.

그리고
오늘 실험에서
중요 포인트는
적포도주가

적포도주 증류실험 순서

② 증발한 에탄올이 냉각되면서
액체가 된다.

① 적포도주를 80~85℃로
가열한다.

밀폐 방지~

탈지면 씨

냉각용 물이
흐르고 있음

부글

부글

③ 액체를 받는다.

뚝
뚝

돌비 방지~

비등석 친구들

137

* 해수를 탈염하여 순도 높은 음용수나 공업용수로 만드는 공업적인 처리 과정

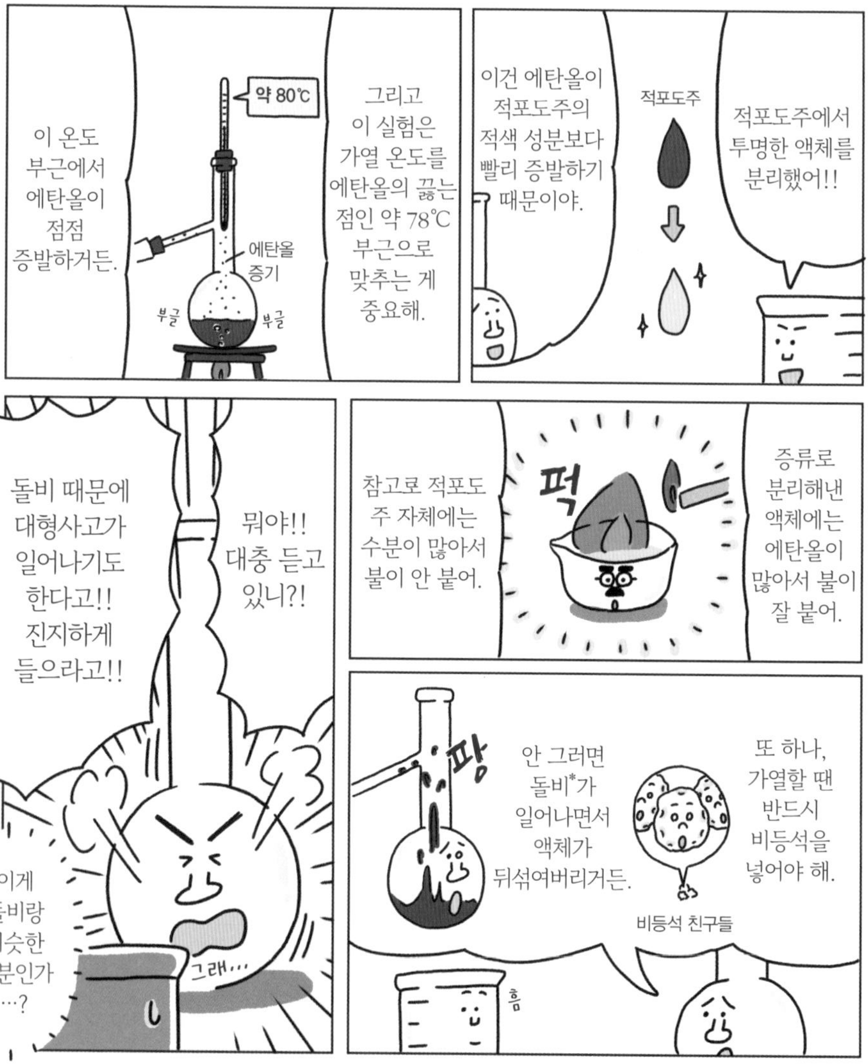

이 온도 부근에서 에탄올이 점점 증발하거든.

약 80℃

에탄올 증기

부글 부글

그리고 이 실험은 가열 온도를 에탄올의 끓는 점인 약 78℃ 부근으로 맞추는 게 중요해.

이건 에탄올이 적포도주의 적색 성분보다 빨리 증발하기 때문이야.

적포도주

적포도주에서 투명한 액체를 분리했어!!

돌비 때문에 대형사고가 일어나기도 한다고!! 진지하게 들으라고!!

뭐야!! 대충 듣고 있니?!

이게 돌비랑 비슷한 격분인가…?

그래…

참고로 적포도주 자체에는 수분이 많아서 불이 안 붙어.

퍽

증류로 분리해낸 액체에는 에탄올이 많아서 불이 잘 붙어.

팡

안 그러면 돌비*가 일어나면서 액체가 뒤섞여버리거든.

또 하나, 가열할 땐 반드시 비등석을 넣어야 해.

비등석 친구들

흠

비커 군의 메모

▶ 비등석을 안 넣으면 가지달린 플라스크 군에게 혼나.

증류를 배울 때면 누구나 쉽게 떠올리는 것이 증류주 제조입니다. 생물 시간에 배운 알코올 발효 지식을 활용해보겠다는 생각으로 건조 효모를 대량으로 구입해서 포도당 용액을 조제하고 30℃로 중탕하고… 이런저런 번거로운 준비를 모두 마치고 드디어 증류! 그런데 이 때서야 깨달았어요. 실험실에는 에탄올이 널려 있다는 사실을 말이죠(메탄올은 마시면 절대 안 돼요)….

* 액체가 돌발적으로 격렬히 끓는 현상

적포도주 증류실험

실험 목적

• 증류 원리를 알아본다.

① 가지달린 플라스크에 적포도주를 넣는다.
② 장치를 세팅하고 가열한다.
③ 80℃ 부근이 되도록 조절한다.
④ 나오는 액체를 받는다.

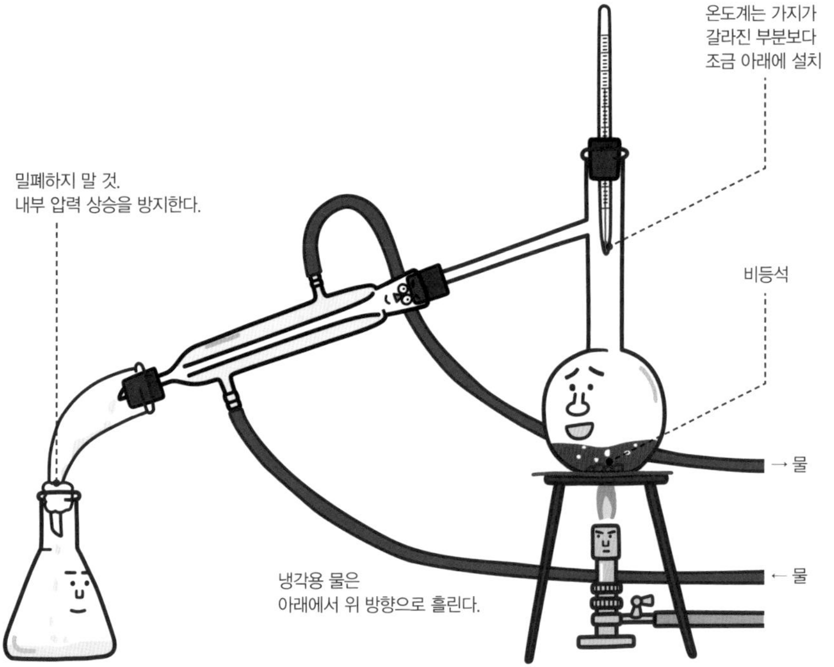

온도계는 가지가
갈라진 부분보다
조금 아래에 설치

밀폐하지 말 것.
내부 압력 상승을 방지한다.

비등석

→ 물

냉각용 물은
아래에서 위 방향으로 흘린다.

← 물

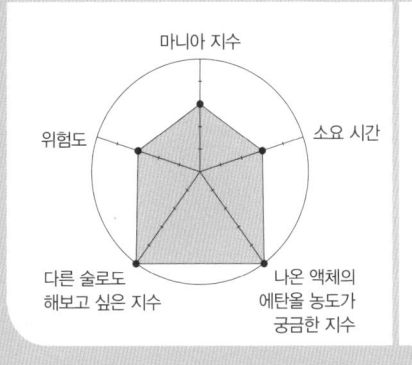

마니아 지수

소요 시간

위험도

다른 술로도
해보고 싶은 지수

나온 액체의
에탄올 농도가
궁금한 지수

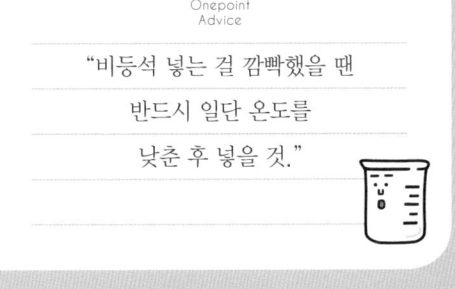

조언 한 마디

Onepoint
Advice

"비등석 넣는 걸 깜빡했을 때

반드시 일단 온도를

낮춘 후 넣을 것."

비등석 친구들

정식 명칭 비등석
(boiling stone)

특기 속에 든 기포로 돌비 방지하기

캐릭터 특징 입속에 기포가 있어서 늘 입을
벌리고 있다.

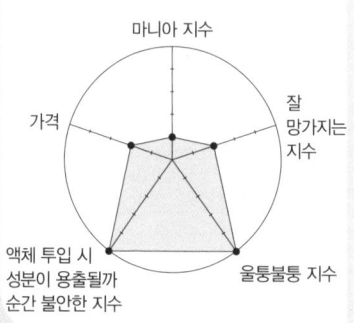

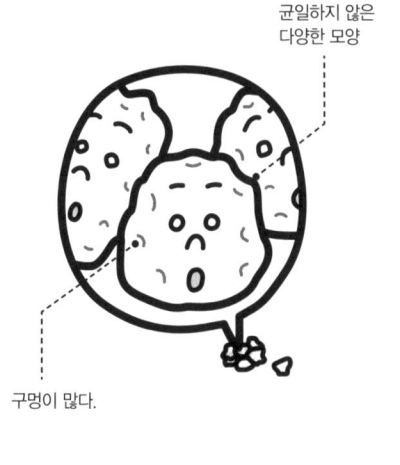

균일하지 않은
다양한 모양

구멍이 많다.

탈지면 씨

정식 명칭 탈지면
(obsorbent cotton)

특기 공기를 통과시키며 틈새
메우기

캐릭터 특징 늘 웃고 있는 포근한 아저씨

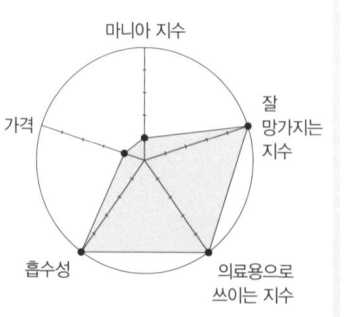

어떤 모양으로도
변형 가능한 유연성

염기로 탈지(脫脂)
처리되었다.

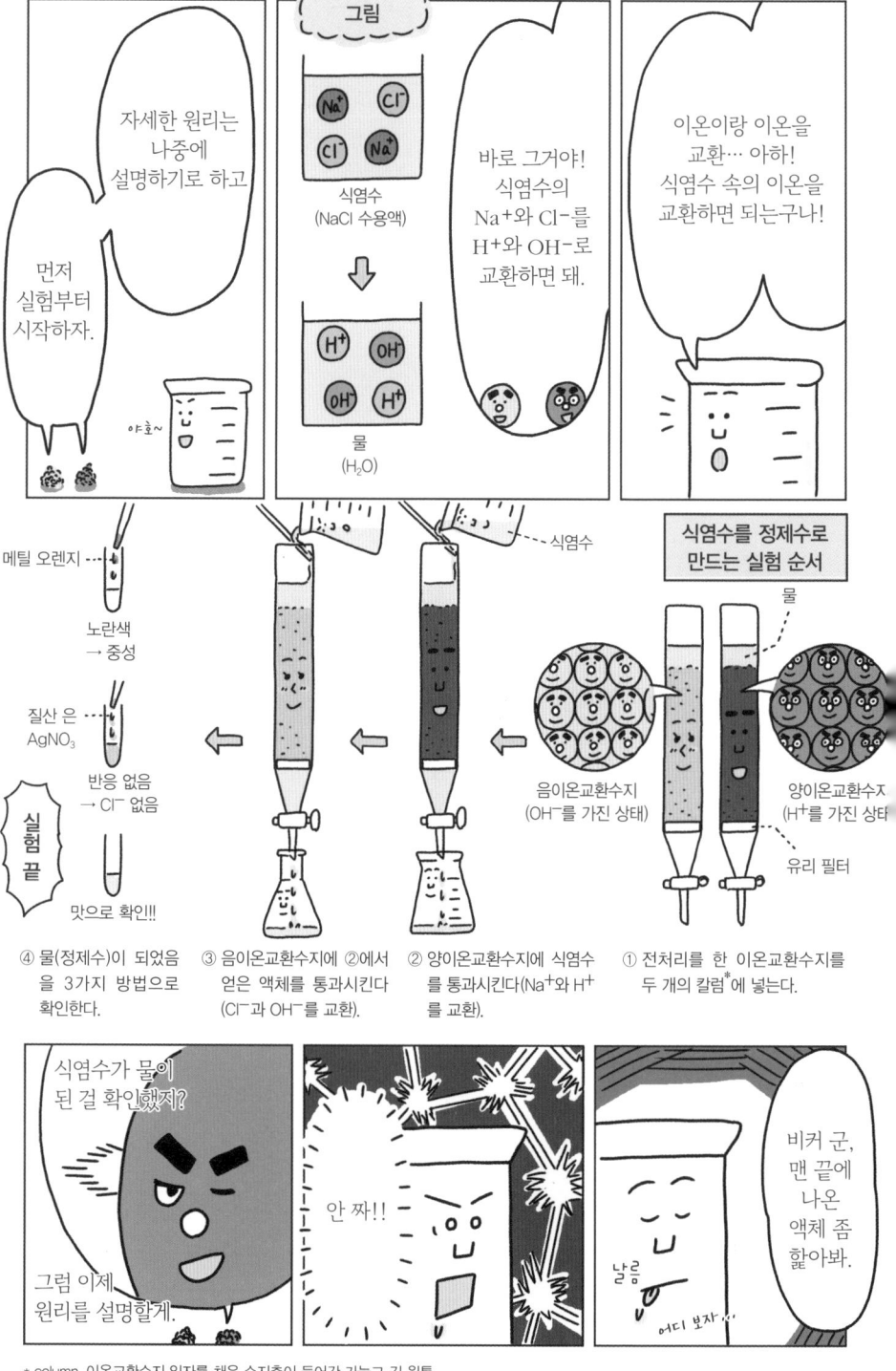

그림

식염수
(NaCl 수용액)

물
(H₂O)

먼저 실험부터 시작하자.

자세한 원리는 나중에 설명하기로 하고

바로 그거야! 식염수의 Na⁺와 Cl⁻를 H⁺와 OH⁻로 교환하면 돼.

이온이랑 이온을 교환… 아하! 식염수 속의 이온을 교환하면 되는구나!

야호~

식염수를 정제수로 만드는 실험 순서

메틸 오렌지

노란색 → 중성

질산 은 AgNO₃

반응 없음 → Cl⁻ 없음

실험 끝

맛으로 확인!!

식염수

물

음이온교환수지 (OH⁻를 가진 상태)

양이온교환수지 (H⁺를 가진 상태)

유리 필터

④ 물(정제수)이 되었음을 3가지 방법으로 확인한다.

③ 음이온교환수지에 ②에서 얻은 액체를 통과시킨다 (Cl⁻과 OH⁻를 교환).

② 양이온교환수지에 식염수를 통과시킨다(Na⁺와 H⁺를 교환).

① 전처리를 한 이온교환수지를 두 개의 칼럼*에 넣는다.

식염수가 물이 된 걸 확인했지?

그럼 이제 원리를 설명할게.

안 짜!!

비커 군, 맨 끝에 나온 액체 좀 핥아봐.

날름

어디 보자…

* column, 이온교환수지 입자를 채운 수지층이 들어간 가늘고 긴 원통

143

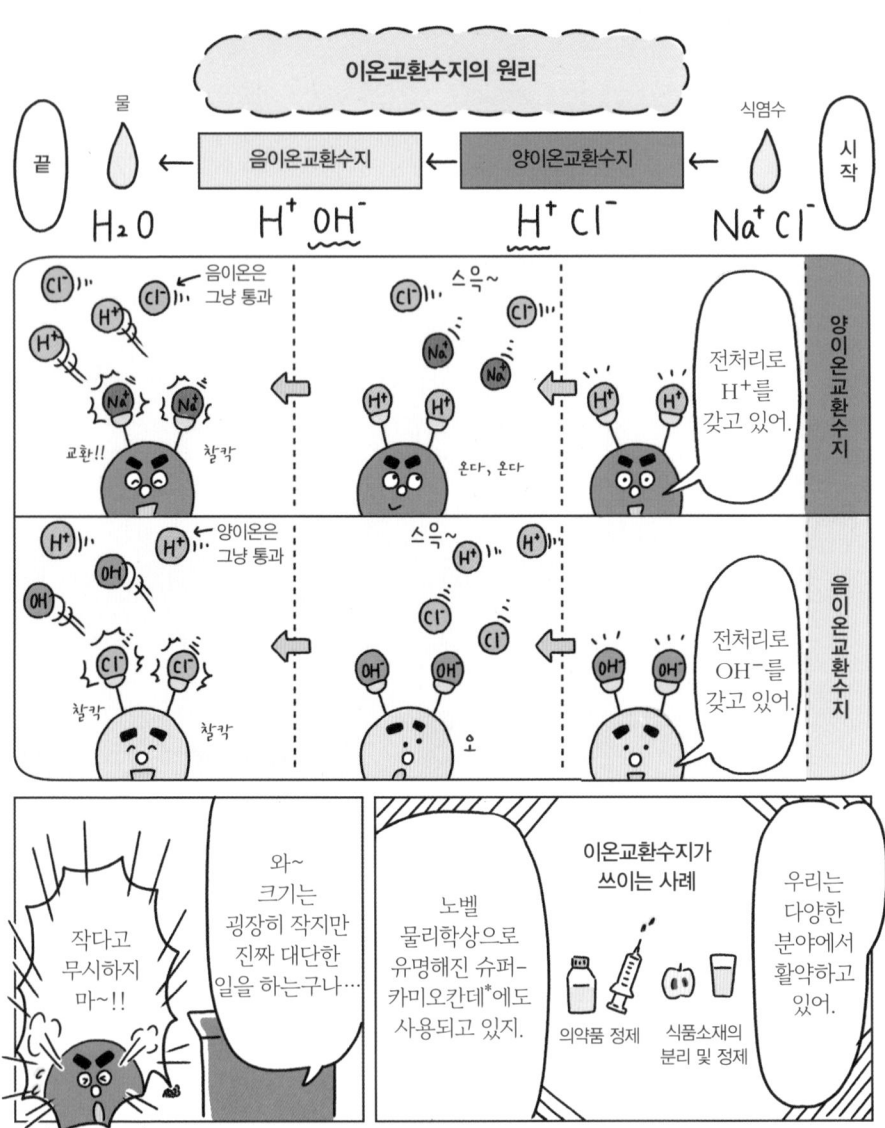

비커 군의 메모

▶ 이온교환수지 친구들이 합심하면 엄청난 힘을 발휘해.

이온교환에는 고도의 과학기술이 집약되어 있습니다. 보통의 물물교환과는 차원이 달라요. 그 주역인 이온교환수지 친구들은 실험을 방해하는 잡다한(목적물질이 아닌) 이온을 제거해주는 천하장사들입니다. 극히 미세한 이온반응도 문제가 되는 정밀분석에서는 증류수까지 이온교환을 거친 후에 사용합니다. 단, 이온을 제거한 물은 맛이 없을뿐더러 많이 마시면 배탈이 날 수도 있어요. 마시지 마세요!

* 일본의 대형 체렌코프 우주소립자 관측 장치. 일본의 노벨물리학상 수상에 크게 공헌한 중성미자 검출 장치로 유명하다.

식염수를 정제수로 만드는 실험

실험 목적

- 이온교환을 직접 해본다.

실험
순서

① 전처리를 한 이온교환수지를 칼럼에 채운다.
② 양이온교환수지에 식염수를 통과시킨다.
③ 음이온교환수지에 ②에서 얻은 액체를 통과시킨다.
④ 물이 된 것을 확인한다.

식염수

이온교환수지에 기포가
들어가지 않도록 균일하
게 충전한다.

유리 필터

마니아 지수

위험도

소요 시간

실험의
화려함 지수

신비 지수

조언 한 마디

Onepoint
Advice

"이온교환수지는
재생해서 재사용할 수 있다."

양이온교환수지 친구들

정식 명칭　양이온교환수지
　　　　　　　(cation-exchange resin)
특기　　　　양이온을 바꿔치기
캐릭터 특징　올라간 일자눈썹이 매력 포인트

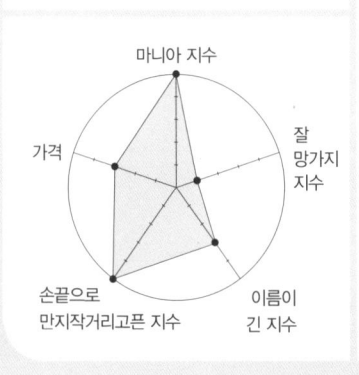

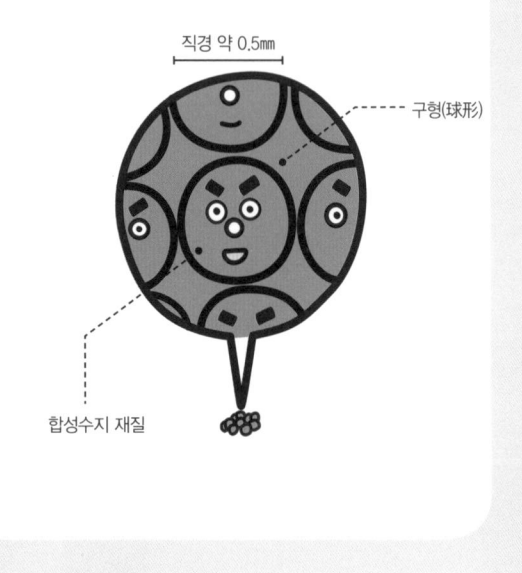

직경 약 0.5mm

구형(球形)

합성수지 재질

음이온교환수지 친구들

정식 명칭　음이온교환수지
　　　　　　　(anion-exchange resin)
특기　　　　음이온 바꿔치기
캐릭터 특징　쳐진 일자눈썹이 매력 포인트

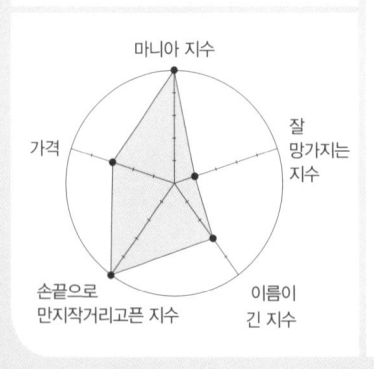

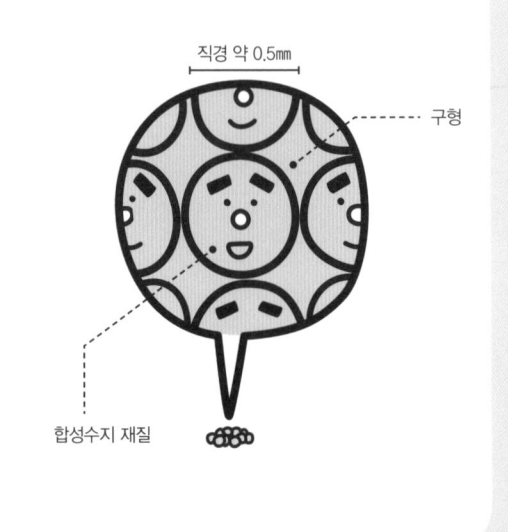

직경 약 0.5mm

구형

합성수지 재질

{ 실험에 쓰는 정제수 종류 }

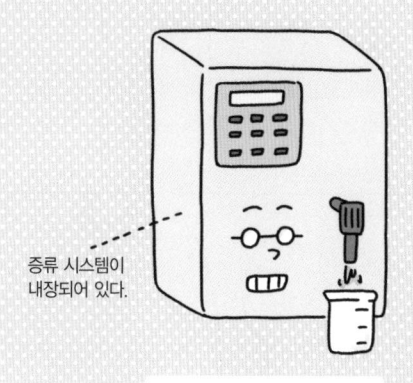

증류수

→ 증류로 불순물(이온 성분, 유기물, 균 등)을 제거한 물

증류 시스템이 내장되어 있다.

안에 이온교환수지가 충전되어 있음

이온교환수

→ 금속이온 등의 이온 성분을 제거한 물

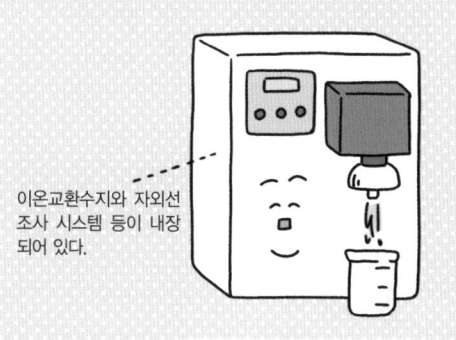

이온교환수지와 자외선 조사 시스템 등이 내장되어 있다.

초순수

→ 몇 가지 방법을 조합하여 불순물을 극한까지 제거한 물. 물질을 용해하는 성질이 커서 반도체 세척에도 사용된다.

수돗물에는 불순물이 있어서 실험에 영향을 줄 수 있거든.

초등학교나 중학교에선 흔하지 않지만, 대학교에서는 실험에 따라 물을 선택해 구별하여 사용하고 있어.

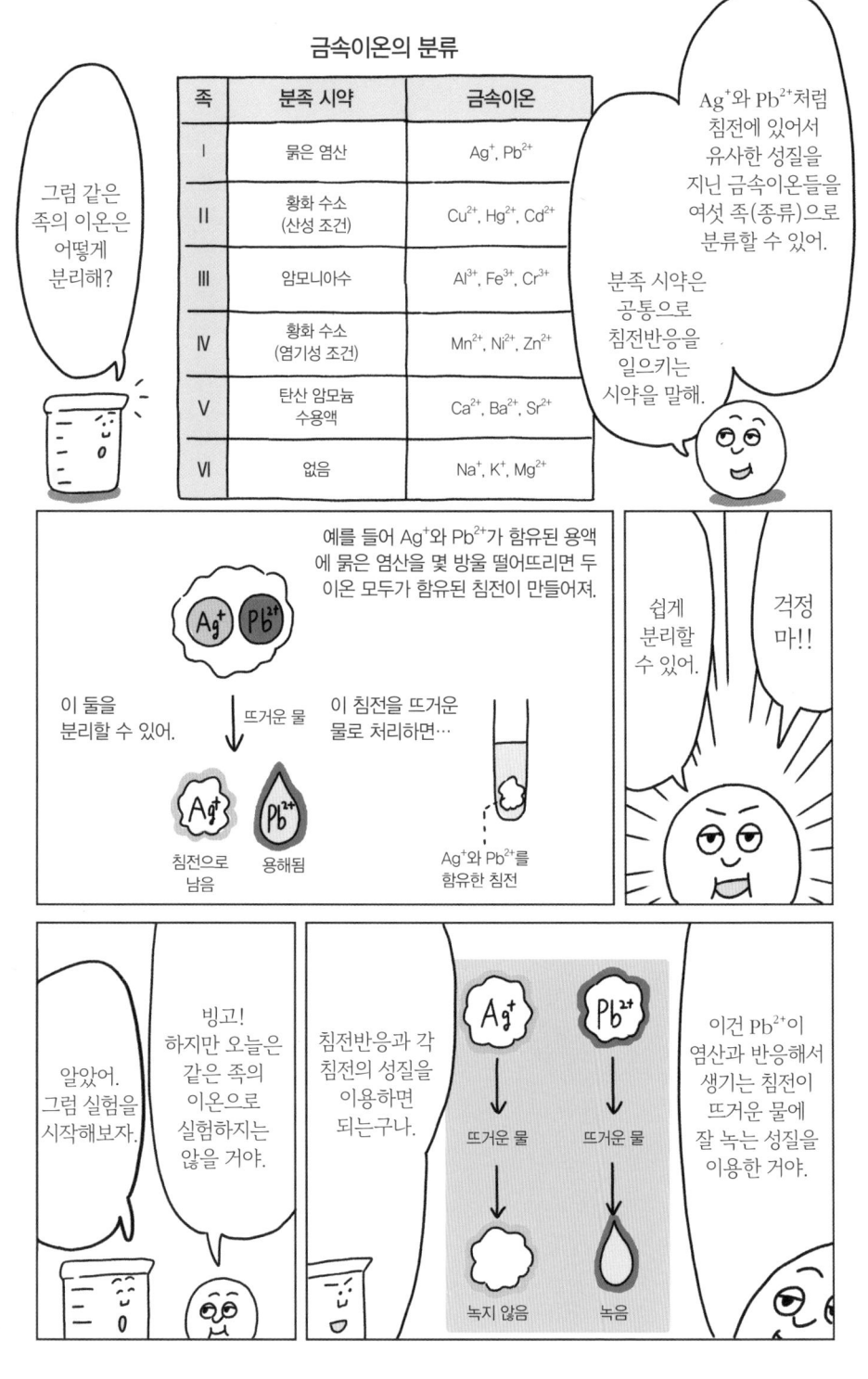

금속이온의 계통적 정성분석 실험 순서

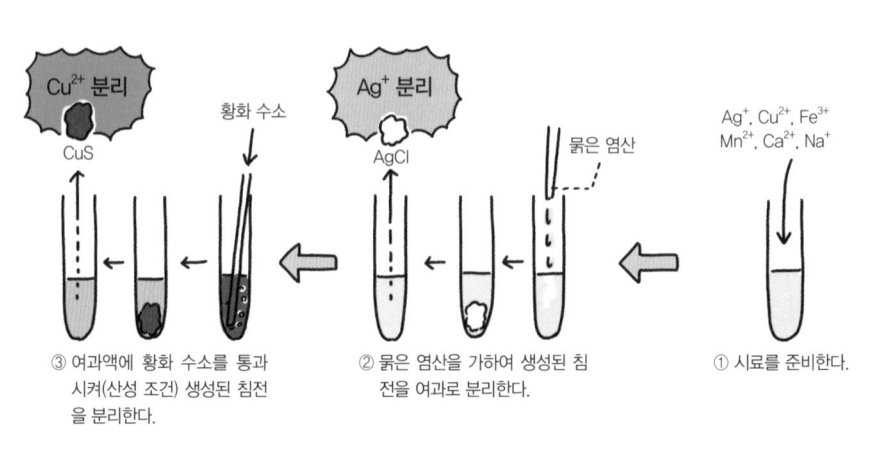

Cu²⁺ 분리

황화 수소

CuS

Ag⁺ 분리

AgCl

묽은 염산

Ag^+, Cu^{2+}, Fe^{3+}
Mn^{2+}, Ca^{2+}, Na^+

③ 여과액에 황화 수소를 통과
시켜(산성 조건) 생성된 침전
을 분리한다.

② 묽은 염산을 가하여 생성된 침
전을 여과로 분리한다.

① 시료를 준비한다.

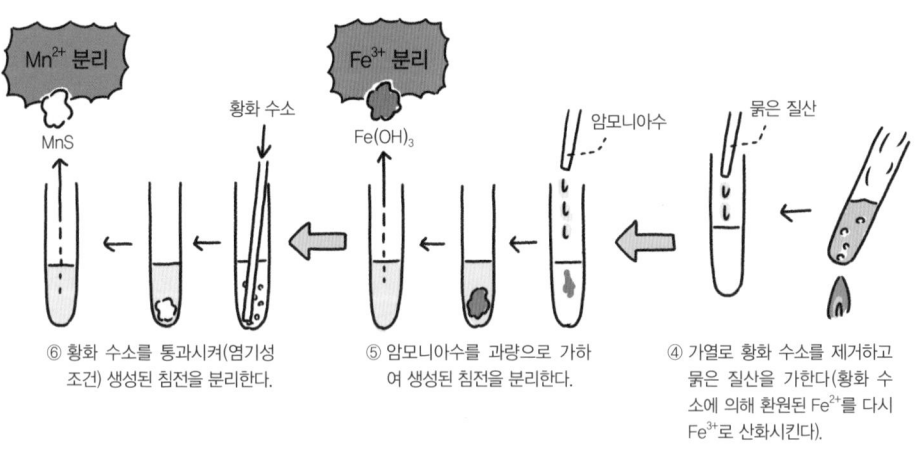

Mn²⁺ 분리

황화 수소

MnS

Fe³⁺ 분리

Fe(OH)₃

암모니아수

묽은 질산

⑥ 황화 수소를 통과시켜(염기성
조건) 생성된 침전을 분리한다.

⑤ 암모니아수를 과량으로 가하
여 생성된 침전을 분리한다.

④ 가열로 황화 수소를 제거하고
묽은 질산을 가한다(황화 수
소에 의해 환원된 Fe^{2+}를 다시
Fe^{3+}로 산화시킨다).

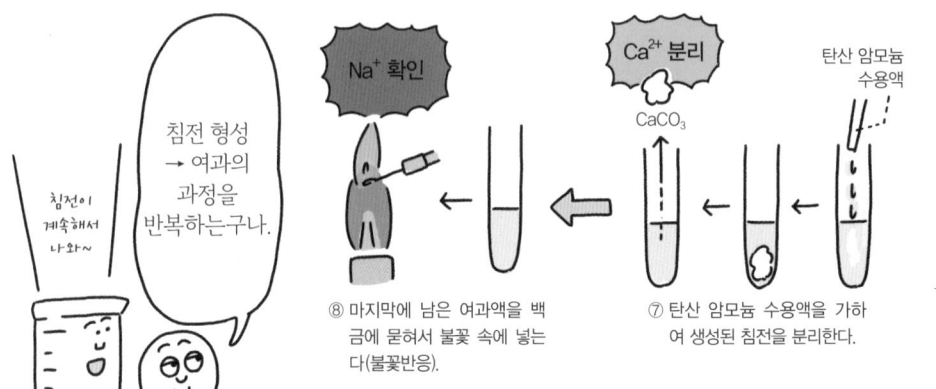

침전이
계속해서
나와~

침전 형성
→ 여과의
과정을
반복하는구나.

Na⁺ 확인

Ca²⁺ 분리

CaCO₃

탄산 암모늄
수용액

⑧ 마지막에 남은 여과액을 백
금에 묻혀서 불꽃 속에 넣는
다(불꽃반응).

⑦ 탄산 암모늄 수용액을 가하
여 생성된 침전을 분리한다.

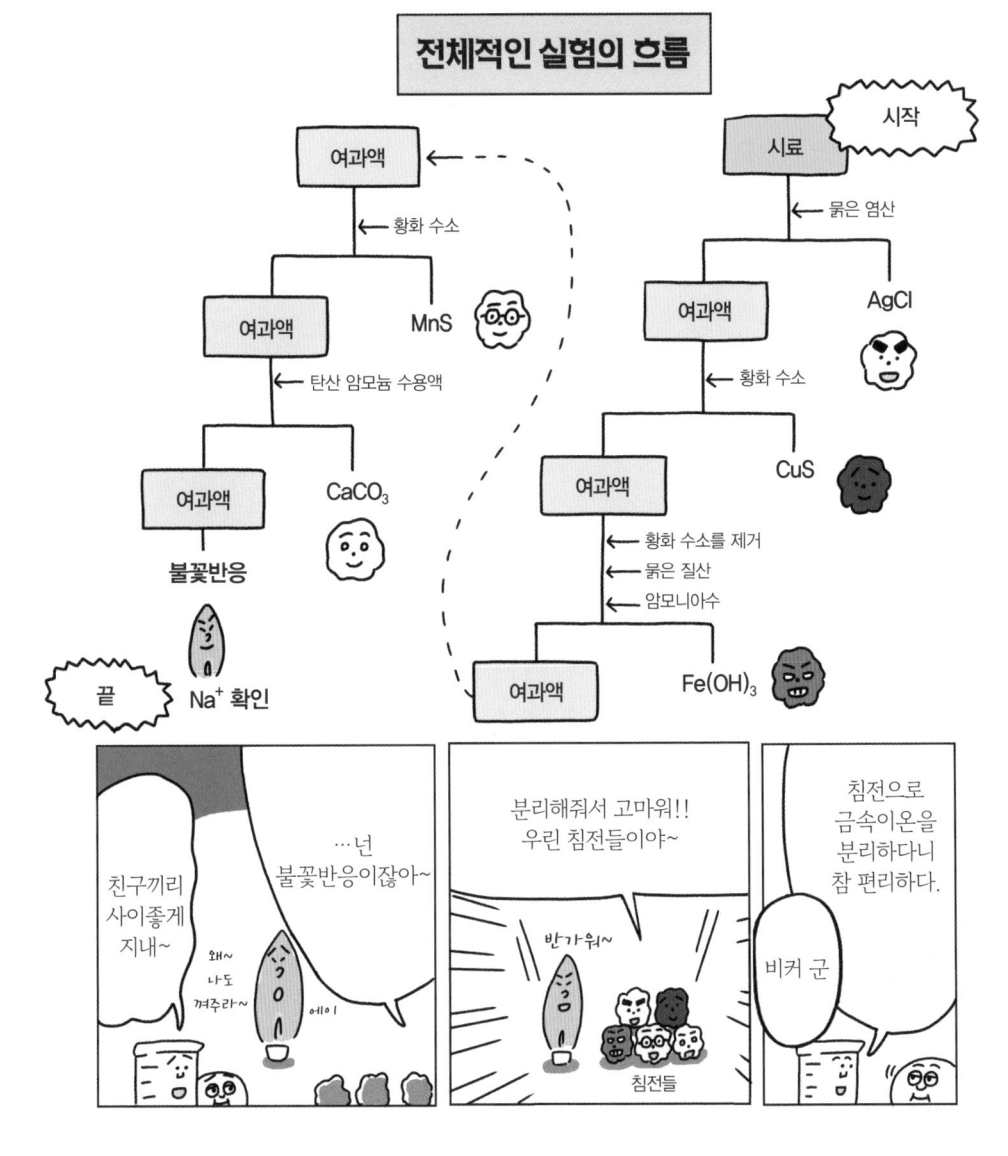

비커 군의 메모

▶ 계통적 정성분석의 마지막은 불꽃반응이야.

여러 침전반응 실험은 침전이 매우 다채롭다는 이유로 인기가 많습니다. 제가 좋아하는 실험은 크롬산 은 침전반응인데요. 투명한 질산 은과 옅은 노란색 크롬산 칼륨 수용액을 섞으면 등골이 오싹해지는 적갈색 침전이 생깁니다. 또 하나, 황산 구리와 암모니아수+수산화 나트륨 수용액으로 만들어지는 청백색 수산화 구리 침전도 참 아름다워서 누가 봐도 황홀해지는 실험입니다. 이처럼 침전반응 실험은 화학실험으로서 중요할 뿐만 아니라, 색상과 현상의 조화로움으로 불꽃반응과 더불어 인기가 좋습니다.

금속이온의 계통적 정성분석실험

실험 목적

• 각 금속이온의 성질 차이를 이해한다.

① Ag⁺, Cu²⁺, Fe³⁺, Mn²⁺, Ca²⁺, Na⁺가 함유된 시료를 준비한다.

② 각 분족 시약을 사용하여 침전을 분리해낸다.

③ 마지막 단계에 불꽃반응으로 Na⁺를 확인한다.

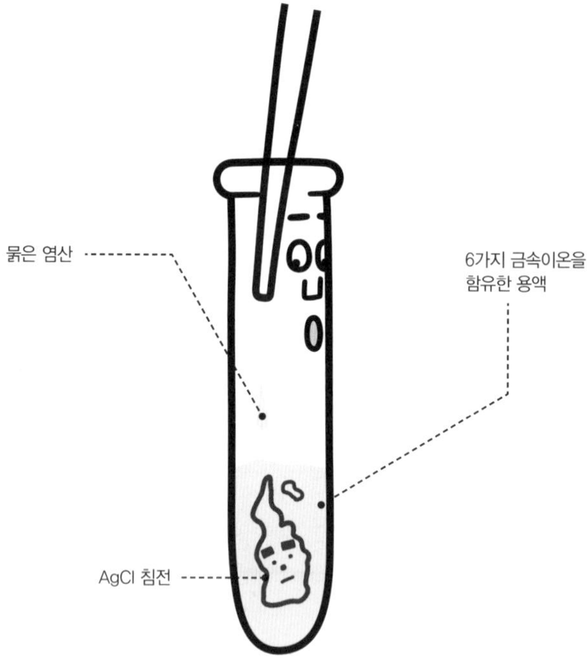

묽은 염산 ┄┄┄┄

6가지 금속이온을
함유한 용액

AgCl 침전 ┄┄┄┄

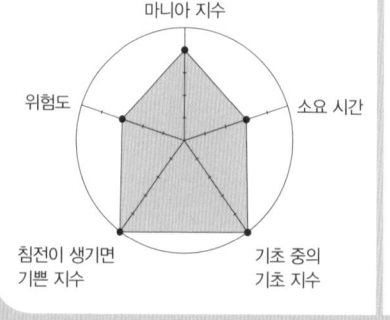

마니아 지수

위험도

소요 시간

침전이 생기면
기쁜 지수

기초 중의
기초 지수

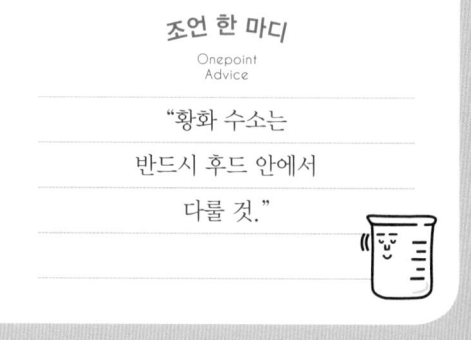

조언 한 마디
Onepoint
Advice

"황화 수소는

반드시 후드 안에서

다룰 것."

침전들

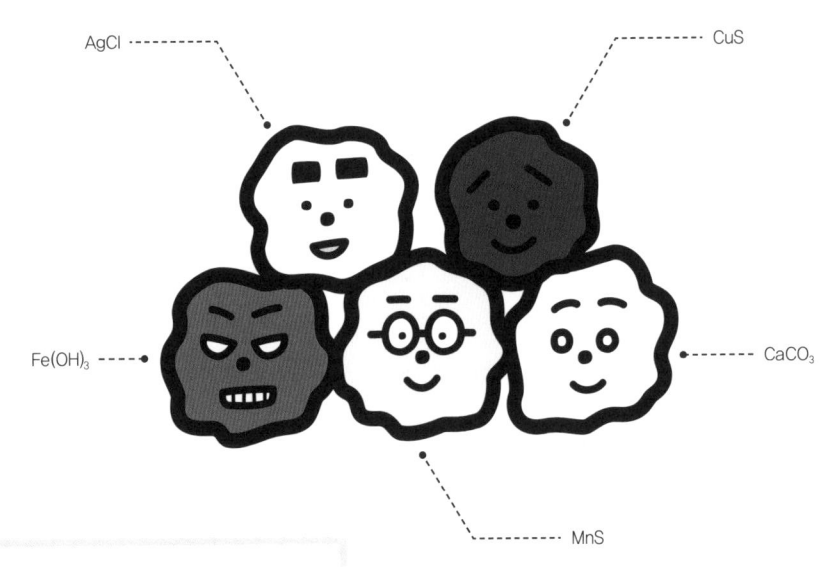

AgCl

CuS

Fe(OH)$_3$

CaCO$_3$

MnS

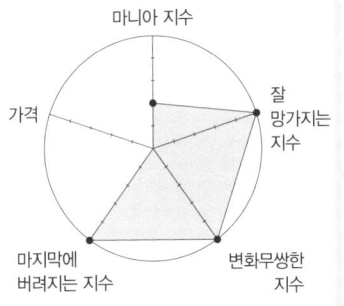

마니아 지수

잘 망가지는 지수

가격

변화무쌍한 지수

마지막에 버려지는 지수

정식 명칭 침전
(precipitation)
특기 특정 금속이온의 존재를 증명하기
캐릭터 특징 침전이라는 사실에 자부심을 느끼는 집합체

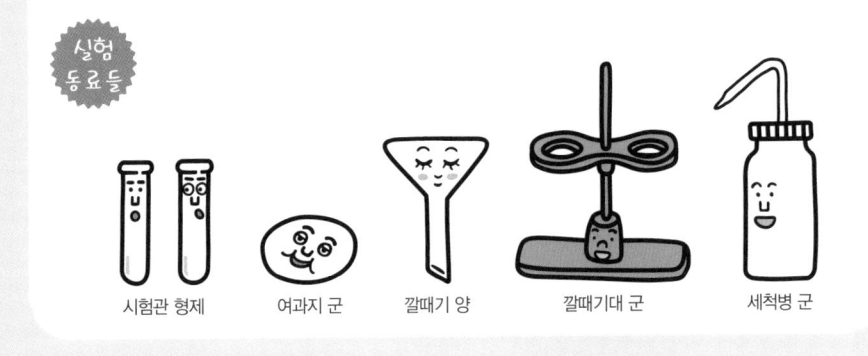

실험
동료들

시험관 형제 여과지 군 깔때기 양 깔때기대 군 세척병 군

용어 해설

● **결정**

분자 등이 규칙적으로 배열되어 있는 개체. 명반 결정처럼 팔면체인 것도 있고 소금 결정처럼 육면체인 것도 있다. 여러 가지 물질들을 녹여서 다시 결정을 만들고 관찰하는 것만으로도 충분히 흥미로운 방학 자유과제가 될 것이다. 이 실험은 시간이 걸리므로 여유를 갖고 임하는 것이 좋다.

● **불꽃반응**

금속이온의 계통적 정성분석실험 마지막 단계에서 반드시 필요한 공정 중 하나가 불꽃반응이다. 이 반응을 통해 최종적으로 남은 물질을 규명해낼 수 있다. 아마 많은 이들에게 불꽃반응 관찰실험은 실험실에서의 반응보다 불꽃놀이로 더욱 친근할 것이다.

● **벤젠, 벤젠고리**

분자식 C_6H_6로 표시되는 화합물이다. 구조는 정육각형의 고리 모양이며, 정육각형을 이룬 6개의 탄소에 6개의 수소가 결합되어 있다. 구조식에 벤젠이 등장하면 갑자기 화학다워지니 참 신기하다. 정육각형이 여러 개 이어지는 구조식은 언제 봐도 흥미진진하다. 벤젠이 든 화합물은 방향족이라고 불리며, 향이 나는 것들이 여러 개 있다.

● 공액세척

실험기구 안을 실험에서 사용할 액체로 헹구는 것을 말한다. 분석실험에서는 매우 흔하게 실시하며, 2~3회 정도로 나누어 골고루 헹군다. 이 작업을 통해 분석 대상 이외의 혼입되어 있는 물질을 제거할 수 있다. 다만, 분석 시료의 양이 한정된 경우가 많아 극히 적은 양으로 얼마나 확실하게 헹구느냐가 관건이 된다. 경우에 따라서는 실험 자체보다 공액세척이 더 골치 아플 때도 있다.

● 시료

분석 등을 실시하기 위한 샘플을 말한다. 하천에서 채취한 물이나 밭의 흙, 지질조사로 얻은 암석과 같이 야외에서 채취하는 것도 있고, 동식물 등에서 얻는 생물 세포 등도 있다. 이렇듯 시료가 지칭하는 의미는 실험실마다 각각 다르며 그 종류 또한 매우 다양하다. 한정된 양의 시료를 어떻게 효율적으로 사용할 것인가로 고민하게 되는 경우가 참으로 많다.

● 영점조절

저울을 사용하기 전 가장 처음 단계에서 실시해야 한다. 저울판에 물건을 올리지 않은 상태에서 표시 숫자가 0이 되도록 조절하는 것을 말한다. 저울 사용법에서도 말했지만 영점조절 단계는 정말 까먹기 쉽다. 까먹고 있다가 실험이 거의 끝날 때 즈음 생각이 나서 그때까지의 측정 결과가 모두 물거품이 돼버리는 공

포의 함정이 되기도 한다.

● 정제수(순수)

물에 함유된 불순물이나 미네랄 등을 제거하여 깨끗하게 만든 물. 정밀분석 등
에서는 반드시 필요하지만, 깨끗한 물이라고 꿀꺽꿀꺽 마셨다가는 배탈이 날 수
도 있으니 음용수로는 권장하지 않는다. 정제수 단계에서 제거되지 않는 성분까
지 제거한 초순수도 있다.

● 포집

생성된 기체 등 특정 성분을 모으는 것을 말한다. 특히 기체인 경우는 잘 포집되
었는지 확인하기가 어려우므로 실험이 끝날 때까지 계속 조마조마하다.

● 펠링반응

독일의 화학자 펠링(Hermann von Fehling)이 발명한 펠링용액을 이용한 반
응실험이다. 이 펠링용액을 사용하는 붉은색 침전실험은 교과서나 기타 여러 관
련 책들에 단골로 나오는 실험 중 하나다. 이 반응을 난생처음 보는 사람이 "우
와, 엄청 빨개!"하고 깜짝 놀랄 확률은 100%에 가깝다. 정말 아름다운 붉은색
침전이 생긴다.

- 폐액

조제하고 남은 시약이나 조제하다가 실수로 버리게 된 시약, 비커에 여분으로 담아놓은 염산 등 각종 시약들의 혼합물이다. 폐액통에 쏟다가 마그네틱바까지 함께 부어버리는 때도 많은데 찾아내기는 거의 불가능하다. 폐액통에 들어간 액체가 운 좋게 중화되어 중성에 가까워지기도 하지만 대부분은 산성이나 염기성으로 쏠려 있다. 손을 집어넣는 건 굉장히 위험하므로 절대 해서는 안 된다.

10	11	12	13	14	15	16	17	18
								2 He 헬륨
			5 B 붕소	6 C 탄소	7 N 질소	8 O 산소	9 F 플루오린	10 Ne 네온
			13 Al 알루미늄	14 Si 규소	15 P 인	16 S 황	17 Cl 염소	18 Ar 아르곤
28 Ni 니켈	29 Cu 구리	30 Zn 아연	31 Ga 갈륨	32 Ge 저마늄	33 As 비소	34 Se 셀레늄	35 Br 브로민	36 Kr 크립톤
46 Pd 팔라듐	47 Ag 은	48 Cd 카드뮴	49 In 인듐	50 Sn 주석	51 Sb 안티모니	52 Te 텔루륨	53 I 아이오딘	54 Xe 제논
78 Pt 백금	79 Au 금	80 Hg 수은	81 Tl 탈륨	82 Pb 납	83 Bi 비스무트	84 Po 폴로늄	85 At 아스타틴	86 Rn 라돈
110 Ds 다름슈타튬	111 Rg 뢴트게늄	112 Cn 코페르니슘	113 Nh 니호늄	114 Fl 플레로븀	115 Mc 모스코븀	116 Lv 리버모륨	117 Ts 테네신	118 Og 오가네손

63 Eu 유로퓸	64 Gd 가돌리늄	65 Tb 터븀	66 Dy 디스프로슘	67 Ho 홀뮴	68 Er 어븀	69 Tm 툴륨	70 Yb 이터븀	71 Lu 루테튬
95 Am 아메리슘	96 Cm 퀴륨	97 Bk 버클륨	98 Cf 캘리포늄	99 Es 아인슈타이늄	100 Fm 페르뮴	101 Md 멘델레븀	102 No 노벨륨	103 Lr 로렌슘

원소 주기율표

원소기호 위의 숫자는 원자번호를 나타낸다.
원자번호 104번 이후의 주기율표 원소 위치는 잠정적이다.

1	2								
1 **H** 수소									
3 **Li** 리튬	4 **Be** 베릴륨								
11 **Na** 나트륨(소듐)	12 **Mg** 마그네슘	3	4	5	6	7	8	9	
19 **K** 칼륨(포타슘)	20 **Ca** 칼슘	21 **Sc** 스칸듐	22 **Ti** 타이타늄	23 **V** 바나듐	24 **Cr** 크로뮴	25 **Mn** 망가니즈	26 **Fe** 철	27 **Co** 코발트	
37 **Rb** 루비듐	38 **Sr** 스트론튬	39 **Y** 이트륨	40 **Zr** 지르코늄	41 **Nb** 나이오븀	42 **Mo** 몰리브데넘	43 **Tc** 테크네튬	44 **Ru** 루테늄	45 **Rh** 로듐	
55 **Cs** 세슘	56 **Ba** 바륨	57~71 란타넘족	72 **Hf** 하프늄	73 **Ta** 탄탈럼	74 **W** 텅스텐	75 **Re** 레늄	76 **Os** 오스뮴	77 **Ir** 이리듐	
87 **Fr** 프랑슘	88 **Ra** 라듐	89~103 악티늄족	104 **Rf** 러더포듐	105 **Db** 두브늄	106 **Sg** 시보귬	107 **Bh** 보륨	108 **Hs** 하슘	109 **Mt** 마이트너륨	

	57 **La** 란타넘	58 **Ce** 세륨	59 **Pr** 프라세오디뮴	60 **Nd** 네오디뮴	61 **Pm** 프로메튬	62 **Sm** 사마륨
란타넘족	57 **La** 란타넘	58 **Ce** 세륨	59 **Pr** 프라세오디뮴	60 **Nd** 네오디뮴	61 **Pm** 프로메튬	62 **Sm** 사마륨
악티늄족	89 **Ac** 악티늄	90 **Th** 토륨	91 **Pa** 프로트악티늄	92 **U** 우라늄	93 **Np** 넵투늄	94 **Pu** 플루토늄

다른 그림 찾기

오른쪽과 왼쪽 그림에서 서로 다른 부분을 찾아보세요!
모두 10개 있습니다(정답은 163쪽).

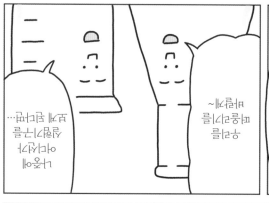

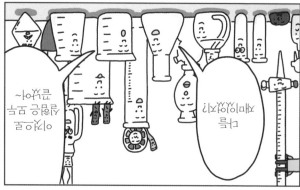

참고문헌

- 아이다 다카시(飯田隆) 외, 일러스트로 보는 화학실험 기초지식(イラストで見る化学実験の基礎知識), 마루젠(丸善), 2009
- 화학실험 텍스트 연구회(化学実験テキスト研究会) 편, 기초실험(基礎実験), 산업도서(産業図書), 1993
- 화학동인편집부(化学同人編集部) 편, 실험을 안전하게 실시하려면(実験を安全に行うために), 화학동인(化学同人), 2017
- 화학동인편집부(化学同人編集部) 편, 속편 실험을 안전하게 실시하려면 기본조작·기본측정 편(続 実験を安全に行うために 基本操作・基本測定編), 화학동인(化学同人), 2017
- 국립천문대(国立天文台) 편, 이과연표(理科年表), 마루젠(丸善), 2016
- 사마키 다케오(左巻健男), 이해하기 쉬운 화학실험사전(やさしくわかる化学実験事典), 도쿄서적(東京書籍), 2010
- 쇼지 기쿠오(荘司菊雄), 화학실험 매뉴얼(化学実験マニュアル), 기호도(技報堂), 1996
- 수겐출판편집부(数研出版編集部) 편, 개정판 시각으로 바라보는 포토사이언스 화학도록(改訂版 視覚でとらえるフォトサイエンス化学図録), 수겐출판(数研出版), 2014
- 테오도르 그레이(Theodore Gray), 세상에서 가장 아름다운 분자도감(世界で一番美しい分子図鑑), 소겐샤(創元社), 2015
- 시니야마 류조(西山隆造)·안라쿠 도요미츠(安楽豊満), 처음 시작하는 화학실험(はじめての化学実験), 오무샤(オーム社), 2000
- 일본화학회(日本化学会) 편, 실험 화학 강좌1(実験化学講座1), 마루젠(丸善), 2003
- 후쿠치 다카히로(福地孝宏), 실험으로 알 수 있는 화학(実験でわかる化学), 세이분도신코샤(誠文堂新光社), 2007
- 야마자키 아키라(山崎昶), 산화와 환원 30강(酸化と還元30講), 아사쿠라쇼텐(朝倉書店), 2012
- 요네사와 후미코(米沢富美子), 브라운운동(ブラウン運動), 교리츠슈판(共立出版), 1986

다른 그림 찾기 정답

① 스티로폼 박스 군이 자고 있다.
② 백열상 형님이 뒤돌아 있다.
③ H_2O 분자모형 군이 입을 다물고 있다.
④ 분동을 올려놓았다.
⑤ 파란색 리트머스 종이 군과 빨간색 리트머스 종이 군이 반대로 서 있다.
⑥ 유리 마개 군이 없다.
⑦ 시험관 하나가 사라졌다.
⑧ 마그네틱바가 한 개 늘어났다.
⑨ 연소 후 스틸울 할아버지가 연소 전 스틸울 군으로 바뀌었다.
⑩ 샬레 남작이 증발접시 아재로 바뀌었다.

감수자 정성헌

전국과학교사모임 회장, 과학을 좋아하는 사람들 대표. 현재 경북일고등학교에서 수석 교사로 재직 중이며,
한국과학재단 주최 제6회 올해의 과학교사상, 한국물리학회 우수물리교사상과 경상북도교육청 경북교육상을 받았다.
일본물리학회, 한국물리학회에서 다수의 과학 논문을 발표하였고, 일본물리학회에서 우수논문상을 받은 바 있다.
아이들에게 신나는 과학을 가르치기 위해 융합인재교육(STEAM) 리더스쿨과 교사연구회를 운영하고 있으며,
경북과학축전, 안동길거리과학마당 등 전국의 각종 과학축전 행사를 기획 진행하고 있다.

비커 군과 친구들의 유쾌한 화학실험

초판 1쇄 발행 2018년 9월 17일
초판 6쇄 발행 2023년 4월 15일

지은이 우에타니 부부
옮긴이 오승민
감수자 정성헌

발행인 김기중
주간 신선영
편집 백수연, 민성원
마케팅 김신정, 김보미
경영지원 홍운선
펴낸곳 도서출판 더숲
주소 서울시 마포구 동교로 43-1 (04018)
전화 02-3141-8301
팩스 02-3141-8303
이메일 info@theforestbook.co.kr
페이스북·인스타그램 @theforestbook
출판신고 2009년 3월 30일 제 2009-000062호

ISBN 979-11-86900-64-2 (03430)

알코올램프
군과 뚜껑 군

분젠
버너 군

가스점화기 군

성냥 군

양초 군

실험용
가스레인지 군

삼각석쇠
삼둥이

도가니 군과
뚜껑 군

H_2O
분자모형 군

Cl_2
분자모형 군

전류계 군

전압계 군

전원장치 양

데시케이터
사발 군

빨간색 집게전선 쌍둥이

암석 군과
미네랄 삼총사

염화칼슘관 군

가열망 형

버튼
전지 군

망간
건전지 군

알칼리
건전지 군

세척 브러시 군들
(피펫용 브러시 군 · 시험
브러시 군 · 플라스크용 브

원심분리기 군

실험 스탠드 군

양개 클램프 군

비상샤워기 군

위 모형 군

질소가스통 군과
질소가스 군

꼬마전구 아가

백엽상 형님

퓸 후드 씨

현미경 상자 군

과학실 의자 군

네오듐
자석 군

알니코
자석 군

페라이트
자석 군

불꽃반응
빨간색

불꽃반응
노란색

불꽃반응
진한 빨간색

불꽃반응
주황색

불꽃반응
보라색

불꽃반응
황록색

불꽃반응
청록색

      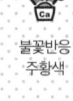

액체질소
운반용기 군

액체질소 군

프레파라트 군
(슬라이드글라스 군과
커버글라스 군)

현미경 팀

확대경 군

포켓식
확대경 군

접이식
확대경 군

전자계산기 로봇

백금봉
거치대 군

백금이 군과
백금봉 군

기리야마
깔때기 씨

보온
깔때기 군

긴 자루
깔때기 아저씨

명반 결정
아저씨

비누 양

스티로폼 박스 군

슬레 추출용기
추출관 군

속슬레 추출용기
플라스크 군

원통
여과지 군

중탕기 군과
뚜껑 군

양이온
교환수지
친구들

음이온
교환수지
친구들

킵장치 군

탁상형 pH 측정기 군과
전극 군

pH 지시약 3인방
(메틸 오렌지·BTB용액·
페놀프탈레인)

비중병 양

비중계 군

평면바닥
시험관 군

소형
자석교반기 양

연소 중
스틸울 아저씨

산화 구리(Ⅱ)의
붉은색 침전 군

은거울 군

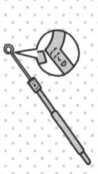        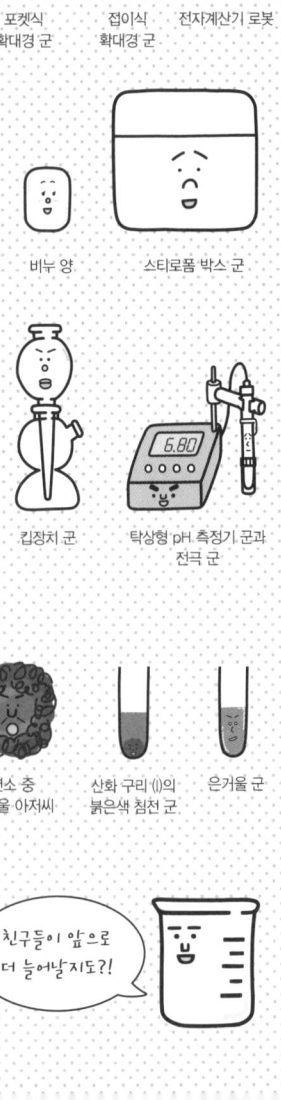

추 군

철가루 더미
친구들

비등석
친구들

침전들

탈지면 씨

친구들이 앞으로
더 늘어날지도?!